数控机床
电气装调与维修

张　晶　步延生　主　编

朱祥庭　李长吉　副主编

清華大學出版社

北京

内 容 简 介

本书基于数控机床制造与维修过程中电气控制系统装调的工作任务,以 FANUC 0i-D 数控系统为例,为学生提供了数控机床外部电路连接、FANUC 数控系统的组成及硬件连接、CNC 系统参数的设定、PMC 的基本功能、数控机床的方式选择、进给轴手动进给 PMC 编程、参考点的确认、自动运行的调试、数控车床的刀架控制、超程保护及设定、数控机床主轴控制、机床冷却控制系统和数控系统的数据备份与恢复等理论知识和实践应用。

本书采用项目教学模式编写,把数控机床电气装调分为 13 个项目,每一个项目又分为若干个具体的任务。学生通过对每一个任务的学习和实践,可逐步掌握数控机床电气系统装调的技能。

本书理论与实践紧密结合,既可以作为数控技术及相关专业的核心教材,也可以作为体现教、学、做一体化的工学结合的教材;既适合数控技术、数控设备应用与维护、机电一体化等专业的师生使用,也适合作为数控技术培训的参考书。

图书在版编目(CIP)数据

数控机床电气装调与维修/张晶,步延生主编. —北京:清华大学出版社,2025.2
ISBN 978-7-302-66079-8

Ⅰ. ①数… Ⅱ. ①张… ②步… Ⅲ. ①数控机床－电气设备－设备安装 ②数控机床－电气设备－调试方法 ③数控机床－电气设备－维修 Ⅳ. ①TG659

中国国家版本馆 CIP 数据核字(2024)第 072379 号

责任编辑:颜廷芳
封面设计:刘 键
责任校对:刘 静
责任印制:丛怀宇

出版发行:清华大学出版社
　　　网　　　址:https://www.tup.com.cn,https://www.wqxuetang.com
　　　地　　　址:北京清华大学学研大厦 A 座　　　邮　　编:100084
　　　社 总 机:010-83470000　　　邮　　购:010-62786544
　　　投稿与读者服务:010-62776969,c-service@tup.tsinghua.edu.cn
　　　质量反馈:010-62772015,zhiliang@tup.tsinghua.edu.cn
　　　课件下载:https://www.tup.com.cn,010-83470410
印 装 者:天津安泰印刷有限公司
经　　　销:全国新华书店
开　　　本:185mm×260mm　　　印 张:17.5　　　字　　数:422 千字
版　　　次:2025 年 2 月第 1 版　　　印　　次:2025 年 2 月第 1 次印刷
定　　　价:49.00 元

产品编号:094900-01

前　言

随着数控机床在生产企业中的大量使用,且应用范围越来越广泛,当前对数控机床维修、维护人员的需求极为迫切。掌握数控机床电气控制技术的知识、技能,对数控机床的使用和维修非常重要。本书通过深度剖析数控机床设备的功能特点,制定了具有代表性的学习任务,着重培养学生的综合素质和对知识、技能的掌握,对智能制造相关的专业人才培养起到积极的推动作用。

本书在编写过程中,遵循课程改革的新理念,主要特点如下。

(1) 内容模块化,突出应用性和实践性。本书按照 FANUC 数控系统应用的特点,将数控机床的控制功能分成若干个模块。每个模块中的内容,以数控系统的软件编程、调试为主,以硬件连接为辅;以掌握实际操作技能、实际设计功能为主,以理解工作原理为辅;注重专业技能的系统性和教学的可操作性。

(2) 本书以项目的形式编写,每个项目都有需要完成的任务、相关知识及项目实训。学生可 2~4 人为一组,共用一台数控设备进行实训。

本书主要内容包括:数控机床外部电路连接、FANUC 数控系统的组成及硬件连接、CNC 系统参数设定、PMC 的基本功能、数控机床的方式选择、进给轴手动进给 PMC 编程、参考点的确认、自动运行的调试、数控车床的刀架控制、超程保护及设定、数控机床主轴控制、机床冷却控制系统、数控系统的数据备份与恢复。通过完成典型数控机床的电气安装和调试任务,可使学生掌握数控机床的电气控制原理、系统的硬件组成及 PMC 编程等;了解数控系统的参数、参考点的设定与调整。

本书由济南职业学院张晶、步延生任主编,朱祥庭、李长吉任副主编。张晶编写本书中的项目四、项目六、项目七、项目八、项目九、项目十;步延生编写本书中的项目一、项目三、项目五;李长吉编写本书中的项目十一、项目十二;朱祥庭编写本书中的项目二和项目十三并规划内容与统一审稿。

本书编者步延生和朱祥庭曾在机床厂从事数控机床的设计及维修工作多年,拥有丰富的理论知识和实践经验。本书理论和实践相结合,力争充分发挥教材的育人功能,为培养德智体美劳全面发展的社会主义建设者和接班人贡献力量。

由于编者水平有限,书中疏漏之处在所难免,希望读者批评、指正。

编　者

2024 年 10 月

目　录

数控机床外部电路连接

任务一　数控机床基本组成

【任务要求】

1. 认识数控机床各部分组成型号、规格。
2. 了解数控机床类别。

【相关知识】

数控机床是集机械、电气、液压气动、光学器件及微电子为一体的自动化设备,能实现机械加工的高速度、高精度和高自动化,在企业生产中占有很重要的地位。

一、数控机床概述

采用数控技术进行控制的机床称为数控机床。编程人员按照零件的几何形状和加工工艺要求将加工过程编成加工程序,数控系统读入加工程序,并将其翻译成能够理解的控制指令;伺服系统将指令转换和放大后驱动机床上的主轴电动机和进给伺服电动机转动,并带动机床的工作台移动,实现加工,以上即为数控机床的加工过程。数控机床组成如图 1-1 所示。

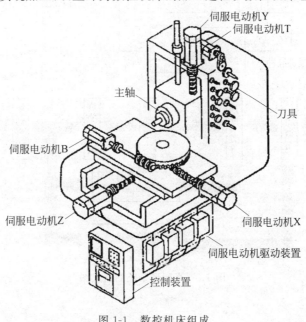

图 1-1　数控机床组成

1. 机床本体

机床本体包括床身、立柱、主轴箱、滑台、进给机构等部件。机械部分的特点是：机械传动结构简单，传动链较短，传动精度高；具有较强的刚度、阻尼精度及耐磨性，热变形小；采用滚珠丝杠副、直线滚动导轨副。

2. 数控装置

CNC 装置包括控制单元、显示器、机床操作面板、数据输入/输出装置。驱动装置包括进给和主轴驱动装置、伺服及主轴电动机、位置速度检测装置等。数控装置具有高速高精度、高可靠性、智能化、网络化的特点。

3. 辅助装置

辅助装置包括液压控制系统、气动系统、排屑装置、交换工作台、数控转台、分度工作台、自动换刀系统、润滑装置、冷却装置、工件夹紧装置等。

二、数控机床的分类

1. 半闭环控制数控机床

以旋转编码器作为位置检测元件，称为半闭环控制系统。半闭环系统直线运动轴的编码器，通常安装在传动丝杠或伺服电动机上；回转轴的编码器，通常安装在蜗杆或伺服电动机上。由于伺服电动机、丝杠、蜗杆和滑台或工作台之间为机械刚性连接，因此，通过这样的检测装置，可以间接反映最终运动部件的位移和速度。半闭环系统的组成如图 1-2 所示。

数控机床的
概念和分类

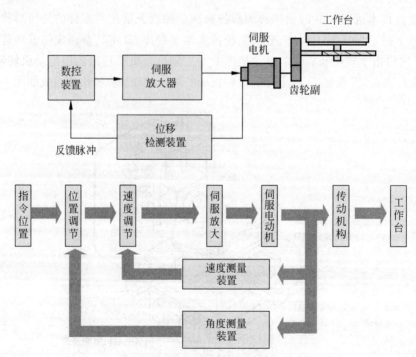

图 1-2　半闭环系统的组成图

2. 全闭环控制数控机床

全闭环系统是直接检测最终控制量的闭环伺服驱动系统。全闭环系统直线运动轴的检测通常采用光栅；回转轴的检测通常采用直接检测编码器。全闭环系统检测装置输出的信号是坐标轴真实的位置及速度，可对机械传动系统的间隙、变形等进行自动补偿。全闭环系统的组成如图 1-3 所示。

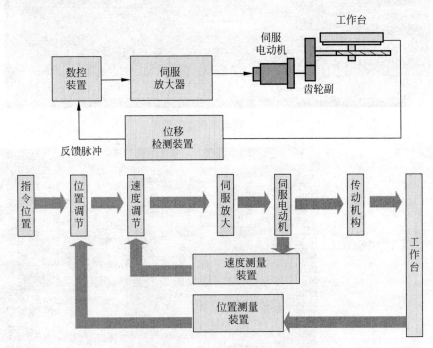

图 1-3　全闭环系统的组成图

三、常用数控机床

1. 数控车削机床

数控车削机床可用于轴、盘类等回转体零件的外圆、端面、中心孔、螺纹等的车削加工。数控车削机床有卧式、立式数控车削机床两大类，其中卧式数控车削机床的用量最大。卧式数控车削机床如图 1-4 所示。

2. 数控镗铣机床

数控镗铣机床既具有钻镗类机床的孔加工特性，又具有铣床的铣削加工特性，是工业企业常用的设备。从机床的结构布局上，可将数控镗铣机床分为立式、卧式和龙门式数控镗铣机床。立式数控镗铣机床如图 1-5 所示。

3. 数控磨削机床

数控磨削机床，即利用砂轮与工件的相对转动磨削加工轴类及齿轮的机床，其外形如图 1-6 所示。

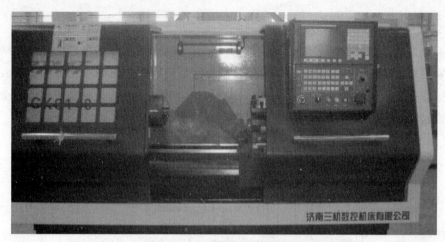

图 1-4 卧式数控车削机床

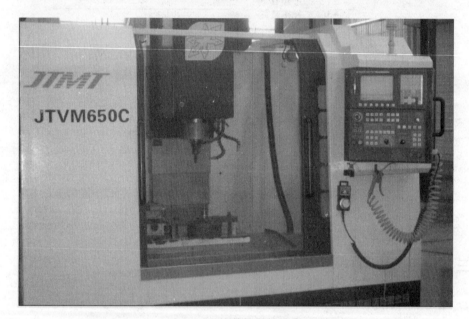

图 1-5 立式数控镗铣机床

图 1-6 数控磨削机床

4. 数控加工中心

数控加工中心通过刀具的自动交换,可一次完成对多项工序的加工,实现了工序的集中和工艺的复合,缩短了辅助加工的时间,提高了机床的效率,减少了零件安装、定位的次数,提高了加工精度。数控加工中心主要以立式、卧式和龙门式为常见结构,如图1-7所示。

图 1-7　数控加工中心

四、数控机床的电气系统

数控机床的电气系统包括交流主电路、机床辅助功能控制电路和电子控制电路。数控机床电气连接的实物如图1-8所示。

数控机床各组
成部分介绍

图 1-8　数控机床电气连接的实物

数控机床主要由数控机床的电气系统和机床本体组成。数控机床的组成如图 1-9 所示,典型的数控机床本体如图 1-10 所示。

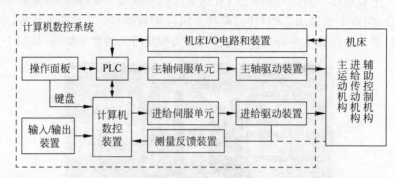

图 1-9　数控机床的组成

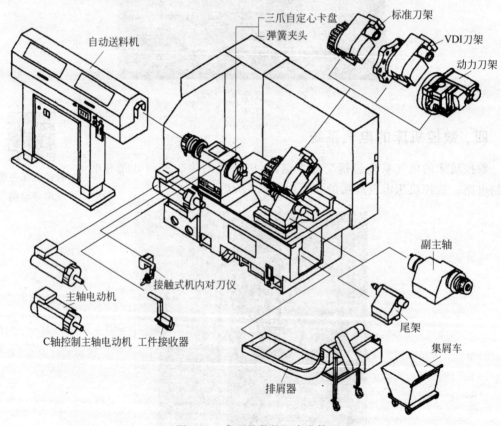

图 1-10　典型的数控机床本体

数控机床的电气系统包括操作装置、计算机数控装置(CNC 装置或 CNC 单元)、伺服机构、检测装置、可编程控制器等部分。数控机床电气系统的组成如图 1-11 所示。

操作装置是操作人员与数控机床(系统)进行交互的工具,主要由显示装置、NC 键盘、机床控制面板(MCP)等组成,如图 1-12 所示。

计算机数控(CNC)装置是计算机数控系统的核心。它的作用是根据输入的零件程序和操作指令进行相应的处理(如运动轨迹处理、机床输入/输出处理等),然后输出控制命令到

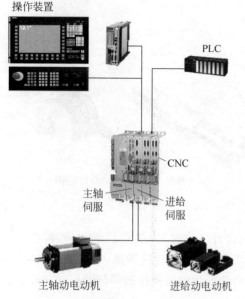

图 1-11 数控机床电气系统的组成

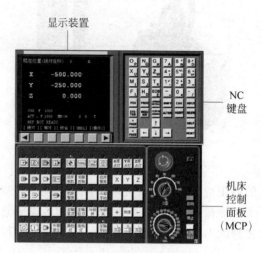

图 1-12 操作装置的组成

相应的执行部件(伺服单元、驱动装置和 PLC 等),控制其动作,从而加工出需要的零件。FANUC 0i-D 系列数控系统的外观如图 1-13 所示。

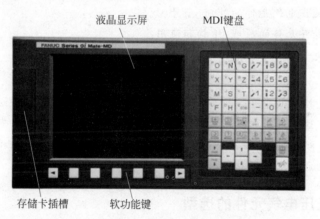

图 1-13 FANUC 0i-D 系列数控系统的外观

伺服机构是数控机床的执行机构,由驱动和执行两大部分组成。常用的位移执行机构有功率步进电动机、直流伺服电动机、交流伺服电动机和直线电动机。典型的伺服机构包括伺服电动机和伺服驱动装置,如图 1-14 所示。

检测装置(也称反馈装置)用于对数控机床运动部件的位置及速度进行检测。按有无检测装置,可将 CNC 机床分为开环(无检测装置)与闭环(有检测装置)数控机床。开环数控机床的控制精度取决于步进电动机和丝杠的精度,闭环数控机床的精度取决于检测装置的精度。典型的检测装置如图 1-15 所示。

可编程控制器 PMC(Programmable Machine Controller)是专用于数控机床外部,辅助电气控制的控制装置。它是数控系统内装的可编程机床控制器,是一种以微处理器为基础

图1-14　伺服机构

(a) 光栅尺　　　(b) 光电编码器

图1-15　检测装置

的通用型自动控制装置,专为工业环境下的应用而设计。通过对 PMC 的编程,数控机床可实现冷却控制、自动润滑控制、自动卡盘夹紧松开控制、顶尖的前后移动、刀塔的自动换刀、主轴的正反转控制、刀库机械手的自动换刀控制、自动托盘的交换控制等辅助控制功能。

任务二　数控机床常用低压电气元件

【任务要求】

1. 认识常用低压电气元件的外形、型号、规格。
2. 了解低压电气元件的原理、结构和使用。
3. 掌握低压电气元件的安装方法和接线方法。

【相关知识】

数控机床电气控制部分除数控系统外,还需要大量的低压电气元件组合,以实现一台机床所具有的功能。这些低压电气元件包括低压断路器、熔断器、接触器、中间继电器、热继电器、变压器、各种转换开关、按钮、指示灯、各种检测开关等。低压电气元件分为低压保护电气元件和低压控制电气元件两种。

一、常用低压电气元件的选型

低压电气元件选型的一般原则如下。

(1) 低压电气元件的额定电压应大于回路的工作电压。

(2) 低压电气元件的额定电流应大于回路设计的工作电流。

(3) 根据回路的启动情况来选择低压电气元件。例如,三相异步电动机启动时的电流是额定电流的 4~7 倍。

(4) 设备的截断电流应不小于短路电流。

二、数控机床常见低压电气元件介绍

1. 按钮

按钮是用人力操作,具有弹簧复位功能的主令电器,主要用于远距离操作接触器、继电器等电磁装置,以切换自动控制电路。

按钮的外形、结构、图形符号及文字符号如图 1-16 所示。

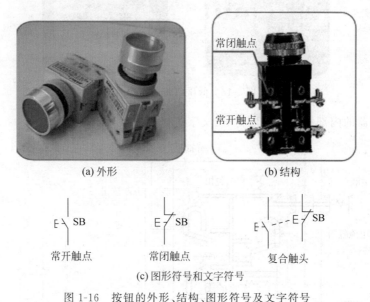

(a) 外形 (b) 结构

(c)图形符号和文字符号

图 1-16 按钮的外形、结构、图形符号及文字符号

为了标明各种按钮的作用,避免错误动作,通常将按钮帽做成不同的颜色,以示区别。按钮的颜色有红、绿、黄、黑、蓝、白、灰等。标准规定:停止和急停按钮的颜色必须是红色,启动按钮的颜色是绿色,启动和停止交替动作的按钮是黑白、白色或灰色。按钮的信号为 LA 系列。

2. 熔断器

熔断器广泛应用于低压配电线路和电气设备,主要起短路及严重过载保护的作用。

熔断器的外形、图形符号及文字符号如图 1-17 所示。

(a) 外形 (b) 图形符号及文字符号

图 1-17 熔断器的外形、图形符号及文字符号

熔断器主要由熔体、安装熔体的熔管和熔座三部分组成。熔体是熔断器的主要组成部分,常做成丝状、片状和栅状。

3. 低压断路器

低压断路器是一种既有手动开关作用又能自动进行欠压、失压、过载和短路保护的电气元件。数控机床常用的低压断路器有塑料外壳式断路器、框架式和漏电保护式断路器三种。低压断路器的外形如图 1-18 所示。

图 1-18 低压断路器的外形

低压断路器的内部结构及图形符号、文字符号如图 1-19 所示。

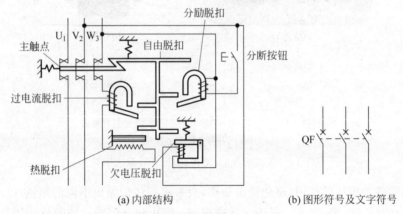

(a) 内部结构   (b) 图形符号及文字符号

图 1-19 低压断路器的内部结构、图形符号及文字符号

4. 接触器

接触器是用来频繁接通和断开电动机或其他负载电路的一种自动切换电器,通常分为交流接触器和直流接触器。选择接触器时应从其工作条件出发,控制交流负载时选用交流接触器,控制直流负载时则选择直流接触器。接触器的主触点的额定工作电流应大于负载电路的电流,线圈的额定电压应与控制回路的电压一致。常用接触器的结构和外形、图形符号及文字符号如图 1-20 所示。

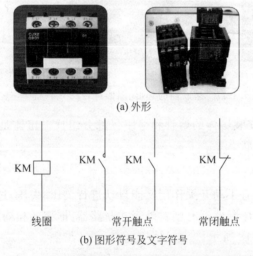

(a) 外形

KM   KM   KM   KM

线圈   常开触点   常闭触点

(b) 图形符号及文字符号

图 1-20 接触器的结构和外形、图形符号及文字符号

5. 中间继电器

中间继电器为电压继电器,在电路中起到中间放大及转换的作用,即当电压继电器触点容量不够时,可借助中间继电器作为执行元件来控制。中间继电器可被看成是一级放大器,其选择原则有以下几点。

(1) 线圈的电压等级应与控制电路一致,如数控机床的控制电路采用直流 24V,则继电器应选择线圈额定电压为直流 24V 的。

(2) 按控制电路的要求选择触点的类型和数量。

(3) 继电器的触点电压应大于被控制电路的电压。

(4) 继电器的触点电流应大于控制电路的电流,若是感性负载,则应降低额定电流到50%以下使用。

常用中间继电器的外形、图形符号及文字符号如图 1-21 所示。

6. 热继电器

热继电器是利用电流的热效应来切断电路的保护电器,主要对三相异步电动机进行过载保护以及断相保护。选用热继电器时,必须了解被保护对象的工作环境、启动情况、负载性质以及电动机允许的过载能力,还应了解热继电器的某些基本特性和特殊要求。热继电器结构和外形、图形符号及文字符号如图 1-22 所示。

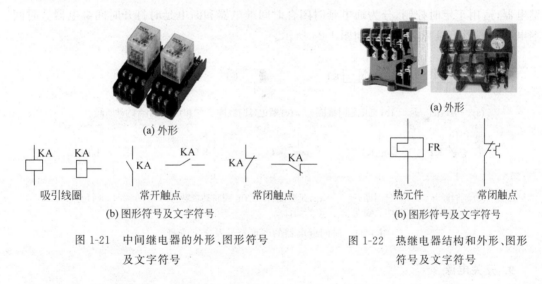

图 1-21　中间继电器的外形、图形符号　　图 1-22　热继电器结构和外形、图形
　　　　　及文字符号　　　　　　　　　　　　　符号及文字符号

7. 行程开关

行程开关用来控制某些机械部件的运动行程和位置或限位保护。行程开关是由操作机构、触点系统和外壳等部分组成。

常用行程开关的结构和外形、图形符号及文字符号如图 1-23 所示。

在选择行程开关时,应根据被控制电路的特点、要求、生产现场条件和触点数量等因素进行考虑。常用的行程开关有 LX19、LX31、LX32、JLXK1 等系列产品。

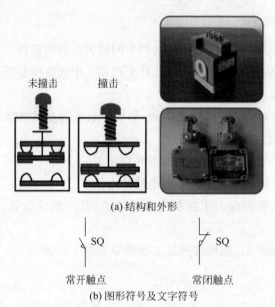

(a)结构和外形

常开触点　　　常闭触点

(b)图形符号及文字符号

图 1-23　常用行程开关的结构和外形、图形符号及文字符号

8. 时间继电器

时间继电器是从得到输入信号(线圈通电或断电)起经过一段时间延时后触头才动作的继电器,适用于定时控制,分为通电延时闭合时间继电器和断电延时打开时间继电器。时间继电器的图形符号和文字符号如图 1-24 所示。

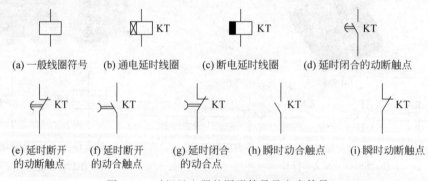

(a)一般线圈符号　(b)通电延时线圈　(c)断电延时线圈　(d)延时闭合的动断触点

(e)延时断开　(f)延时断开　(g)延时闭合　(h)瞬时动合触点　(i)瞬时动断触点
的动断触点　的动合触点　的动合点

图 1-24　时间继电器的图形符号及文字符号

9. 开关电源

合理使用开关电源在电气设计中非常重要,原则上给数控系统供电的电源应与负载用的电源不同,即每台数控机床至少要有两个开关电源。开关电源选型时应注意以下参数。

(1)开关电源的安装方式。

(2)开关电源的工作温度。

(3)输入电压及频率范围:一般为交流 110~240V,50~60Hz。

(4)额定输出电流根据负载情况决定,为保证负载稳定运行,电源容量需要一定的余量。

（5）负载波动时，输出电压波动不要超出允许范围。

开关电源的外形、图形符号及文字符号如图 1-25 所示。

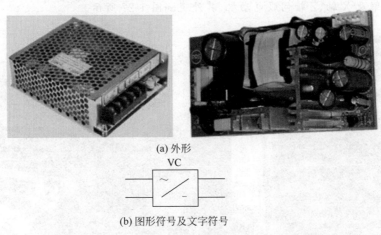

(a) 外形

(b) 图形符号及文字符号

图 1-25　开关电源的外形、图形符号及文字符号图

10. 变压器

在数控机床上使用两种变压器：机床控制变压器和三相伺服变压器。变压器的外形、图形符号及文字符号如图 1-26 所示。

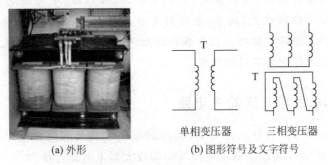

(a) 外形　　　　　　　　(b) 图形符号及文字符号

图 1-26　变压器的外形、图形符号及文字符号

机床控制变压器适用于输入交流电压为 380V 的电路，变换不同电压等级，可作为机床照明、负载等用的电源。三相伺服变压器主要用于数控机床中交流伺服电动机电压与我国电网电压不一致时进行匹配。

任务三　案例分析：数控机床的外部接线

【任务要求】

1. 了解主电路各低压电气元件的作用。

2. 掌握冷却泵电动机、电动刀架电动机的主电路连接及控制电路连接。

3. 掌握主电路中各种电源的作用。

4. 掌握启动电路、急停电路的控制顺序。

5. 掌握变频主轴电动机的主电路连接。

本任务对 CK6140 数控车床教学设备电气控制部分的连接进行了解剖。CK6140 数控车床教学设备包括显示及 MDI 部分、模拟仿真部分、机床电气控制柜、冷却电动机、主轴电动机、电动刀架及 X 轴、Z 轴伺服电动机,其外观如图 1-27 所示。

图 1-27   CK6140 数控车床教学设备的外观

【相关知识】

数控机床电气控制部分分为基本电气控制部分及数控系统部分。基本电气控制部分包括各种按钮、转换开关、低压断路器、熔断器、中间继电器、变压器、指示灯、各种检测开关、风扇、电磁阀及冷却泵电动机、润滑泵电动机、电动刀架电动机、主轴变频电动机及各种辅助用电动机等。各低压电气元件在数控机床的运行中起不同的作用。

数控机床外部电路连接介绍

一、CK6140 数控车床的主电路

数控机床主电路包括总电源开关 QF0,冷却泵电动机及润滑泵电动机主电路、电动刀架电动机主电路、主轴变频电动机主电路及伺服放大器主电源连接。

1. 冷却泵电动机及润滑泵电动机主电路

冷却泵电动机及润滑泵电动机主电路如图 1-28 所示。

冷却泵电动机的作用是在数控机床中冷却刀具。QM2 为断路器,起到对冷却泵电动机短路及过载保护的作用,交流接触器 KM1 用于接通和断开冷却泵电动机。

润滑泵电动机的作用是在数控机床加工过程中,托板在导轨上高速移动时为减少摩擦力及保护机床的精度,需定时在导轨上加润滑油。断路器 QM7 起到对润滑泵电动机短路及过载保护的作用,交流接触器 KM7 用于接通和断开润滑泵电动机。

当有手动或自动冷却指令时,PLC 输出 Y2.4 有效,KA10 继电器线圈通电,继电器触点闭合,KM1 交流接触器线圈通电,交流接触器主触点吸合,冷却电动机旋转带动冷却泵工作。

2. 电动刀架电动机主电路

电动刀架电动机主电路如图 1-29 所示。

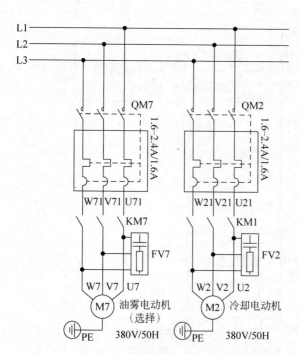

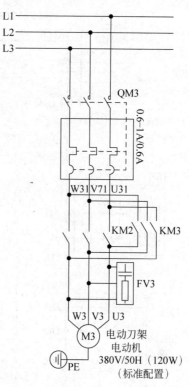

图 1-28　冷却泵电动机及润滑泵电动机主电路　　图 1-29　电动刀架电动机主电路

断路器 QM3 用于电动刀架电动机的短路及过载保护,交流接触器 KM2 控制刀架电动机正转,交流接触器 KM3 控制刀架电动机反转。

当有手动或自动刀具松开指令时,机床 CNC 装置控制 PLC 输出 Y2.0 有效,KA6 继电器线圈通电,继电器触点闭合,交流接触器 KM2 线圈得电,KM2 主触点接通,控制刀架电动机正转。转到设定的刀位时,机床 CNC 装置控制 PLC 输出 Y2.1 有效,中间继电器 KA7 得电,交流接触器 KM3 线圈得电,刀架电动机反转锁紧。通过编写换刀的 PLC 程序可实现换刀控制。

3. 主轴变频电动机主电路

主轴变频电动机主电路如图 1-30 所示。

中间继电器 KA11 的常开触点控制主轴正转,KA12 的常开触点控制主轴的反转。CNC 接口 JA40 的输出信号作为变频器的频率给定信号,调节主轴电动机的转速。

4. 伺服放大器主电源连接

伺服放大器主电源连接如图 1-31 所示。

TM1 是三相伺服变压器,将三相交流 380V 电压转换为三相交流 200V 电压,给伺服放大器供电。断路器 QF1 起到伺服放大器短路及过载保护的作用。

二、控制电源的连接

控制电源的连接如图 1-32 所示。

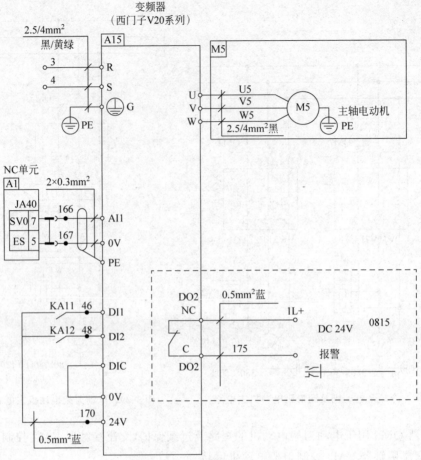

图 1-30　主轴变频电动机主电路

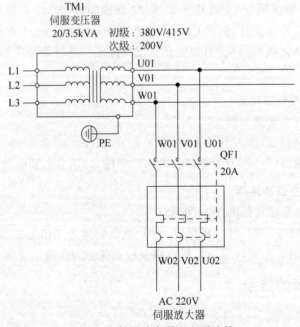

图 1-31　伺服放大器主电源连接

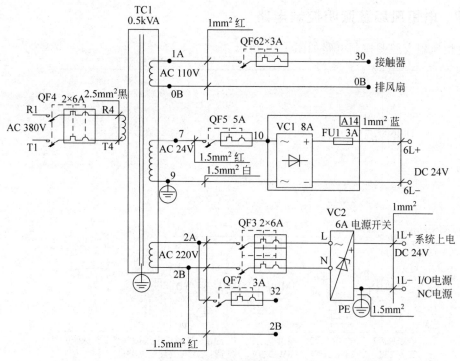

图 1-32 控制电源的连接

TC1 为控制变压器,将单相 380V 电源转换为交流 24V、交流 110V、交流 220V 电源。断路器 QF6、QF7 等起到短路及过载保护作用。开关电源 VC1 和 VC2 将交流电压转换为直流 24V 电压,其中,VC1 输出的直流 24V 电源用于启动及急停控制回路或用于中间继电器控制电源及负载电源;VC2 输出的直流 24V 电源用于数控系统 CNC 电源、I/O 模块电源及伺服放大器控制电源。

三、数控系统上电及急停控制电路

数控系统上电及急停电路如图 1-33 所示。

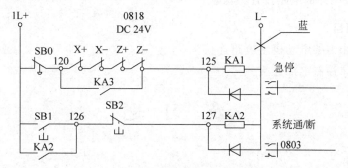

图 1-33 数控系统上电及急停电路

图 1-33 中,SB0 为急停按钮,SB1 是数控系统上电启动按钮,SB2 是数控系统断电按钮,KA1 为急停中间继电器,KA2 为系统上电、下电控制中间继电器,X+、X−、Z+、Z−四个常闭触点分别是进给轴 X 轴及 Z 轴正负方向的硬限位开关。

四、电柜风扇及照明控制电路

电柜风扇及照明控制电路如图 1-34 所示。

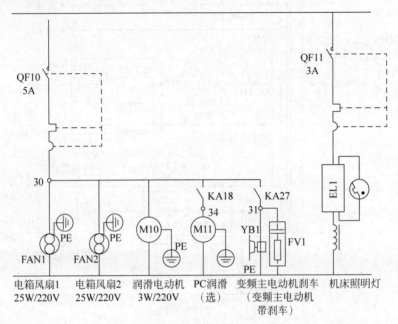

图 1-34　电柜风扇及照明控制电路

断路器 QF10 起风扇短路及过载保护作用,断路器 QF11 起照明灯短路及过载保护作用。

项 目 训 练

一、训练目的
掌握数控机床外部电路设计方法。

二、训练项目
1. 数控机床刀架电动机主电路连接。
2. 数控机床控制电源连接。

练 习 题

一、填空题

1. 数控机床电气系统包括_____、_____和_____,一般将前者称为_____,后者称为_____。

2. 数控机床常用的电气主要是低压电气元件。低压电气元件是指工作在交流电压_____、直流电压_____及以下的电器。低压电气元件按其用途又可分为_____和低压控制电器。

3. 数控机床是集机械、_____、_____、光学器件及微电子为一体的自动化设备。

4. 通常,数控系统允许的电网电压波动范围在额定值的_____之间。

5. 按有无检测装置,CNC 机床可分为_____和_____数控机床。

6. 检测装置(也称反馈装置)是对数控机床运动部件的_____和_____进行检测的装置。

7. 开环数控机床的控制精度取决于_____和_____的精度,闭环数控机床的精度取决于_____装置的精度。

8. 伺服机构是数控机床的执行机构,由_____和_____两大部分组成。伺服机构接受数控装置的指令信息并按照指令要求控制执行部件的_____、方向和位移。

9. 在电气原理图中,所有电气元件可动部分均按照_____状态画出。

10. 目前数控机床的伺服系统中,常用的位移执行电动机为_____、直流电动机和交流电动机。

11. 主轴驱动系统用于控制机床主轴的_____运动,为机床主轴提供_____和所需的切削力。

12. 机床的_____和_____是操作人员和数控机床进行交互的工具。

二、判断题

1. 强电是 24V 以上供电,以电气元件、电力电子功率器件为主组成的电路。( )

2. 数控机床应尽量避免长期不用。数控机床长期不用时,为了避免数控系统的损坏,应对数控系统进行定期维护和保养。( )

3. 数控系统只要正常使用,电气元件不会老化和损坏。( )

4. 闭环数控机床的精度取决于丝杠的精度。( )

5. 检测装置通常安装在机床的工作台、丝杠或驱动电动机转轴上,相当于普通机床的执行机构和人的四肢。( )

6. SV 是伺服驱动(Servo Drive)的英文缩写,含义是"以物体的位置、方向、状态等作为控制量,追踪目标值的任意变化的控制机构"。( )

7. 数控机床的伺服驱动装置分为进给驱动装置和主轴驱动装置。进给驱动装置实现进给轴速度和位置的精确控制。主轴驱动装置实现对主轴电动机的控制。( )

8. FANUC 0i-TD 数控系统既可以用于数控车床也可以用于数控加工中心、数控铣床等。( )

三、选择题

1. 数控机床是指( )。

　A. 装有 PLC(可编程序逻辑控制器)的专用机床

　B. 带有坐标轴位置显示的机床

　C. 装备了 CNC 系统的机床

　D. 加工中心

2. 数控机床的组成部分中( )是数控机床的中枢部分,对零件加工程序和操作指令进行处理,输出控制指令到相应的执行部件,从而控制其动作,由存储器、控制器、运算器、位置控制板、PLC 接口板、通信接口板、控制软件等组成。

    A. 数控系统(CNC 装置)   B. 输入/输出装置

    C. 伺服驱动装置   D. 检测装置

3. 数控机床使用闭环测量控制与反馈装置的作用是(　　)。

    A. 提高机床的安全性   B. 提高机床的使用寿命

    C. 提高机床的定位精度、加工精度   D. 提高机床的灵活性

4. 在 FANUC 0i Mate-TD 数控系统中,数控系统 CNC 电源是(　　)。

    A. 直流 24V 电压   B. 直流 12V 电压

    C. 直流 9V 电压   D. 直流 6V

5. 某数控车床使用 FANUC 0i Mate-TD 数控系统,其进给轴伺服放大器需要的供电电压为(　　)。

    A. 三相交流 220V 电压   B. 三相交流 200V 电压

    C. 三相交流 380V 电压   D. 三相交流 110V 电压

四、画图题

1. 画出 CK6140 数控机床刀架电动机的主电路连接。

2. 画出主轴变频电动机控制电路。

FANUC 数控系统的组成及硬件连接

任务一 FANUC 数控系统的组成

【任务要求】

1. 认识 FANUC 数控系统。

2. 认识 FANUC 数控系统各模块的功能。

【相关知识】

FANUC 0i-D 系统的 CNC 控制器可分为 0i-D 系列和 0i MATE-D 系列两种类型。FANUC 数控系统一般由主控制系统、FANUC 伺服系统、位置检测装置、PMC 及接口电路部分组成。FANUC 0i-D 系列数控系统的外观如图 2-1 所示。

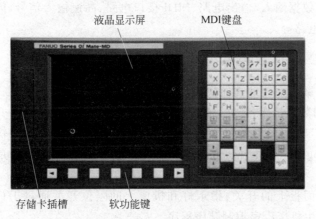

图 2-1 FANUC 0i-D 系列数控系统的外观

一、CNC 主控制器的组成

FANUC 0i-D 系列 CNC 主控制器由主 CPU、存储器、数字伺服控制卡、主板、显示卡、内置 PMC、LCD 显示器、MDI 键盘等组成。CNC 主板如图 2-2 所示。

（1）主 CPU 负责整个系统的运算、中断控制等。

（2）存储器包括 Flash ROM、SRAM、DRAM。

Flash ROM 用于存放数控系统生产厂家 FANUC 公司开发的系统软件和机床厂家开发的应用软件，主要包括插补控制软件、数字伺服软件、PMC 控制软件、机床 PMC 梯形图、

图 2-2　CNC 主板

网络通信控制软件、图形显示软件、零件加工程序等。

　　SRAM 用于存放机床厂家设置的数据及用户数据,主要包括系统参数、用户宏程序、PMC 参数、刀具补偿及工件坐标系补偿数据、螺距误差补偿数据等。

　　DRAM 作为工作存储器,在控制系统中起缓冲作用。

　　(3) 数字伺服轴控制卡。伺服控制中的全数字运算以及脉宽调制功能采用应用软件完成,并打包装入 CNC 系统内(Flash ROM)。支撑伺服软件运行的硬件环境由 DSP 及周围电路组成,也就是轴控制卡。

　　(4) 主板。主板包括 CPU 外围电路、I/O Link、数字主轴电路、模拟主轴电路、RS-232 数据输入/输出电路、MDI 接口电路、高速输入信号、闪存卡及 USB 接口电路等。

FANUC 数控系统
介绍和系统组成

二、FANUC 0i-D 数控系统的功能

　　FANUC 0i-D 数控系统的功能模块框图如图 2-3 所示。

　　(1) CNC 控制数控机床各进给轴的位置和速度。CNC 控制软件由 FANUC 公司开发,装置出厂前装入 CNC,机床生产厂家和最终用户都不能修改 CNC 控制软件。

　　(2) PMC(Programmable Machine Controller)主要用于机床控制,是装在 CNC 内部的顺序控制器。

　　(3) 机床操作面板上的开关、指示灯和机床上的限位开关通过 I/O Link 与 FANUC CNC 控制器通信,由机床厂家编制顺序程序。

　　(4) 机床厂家依据机床具有的功能编制的 PMC 程序及最终用户编写的加工程序等存放在 Flash ROM 存储器中。通电时,BOOT 系统把这些程序传送到 DRAM 存储器中,并根据程序进行处理。断电后,DRAM 中的数据全部消失。

　　(5) 用户在使用过程中设定的刀具长度、半径补偿以及修改的参数,均保存在 SRAM 内。SRAM 采用锂电池作为后备电池,机床断电后,存储的数据不会丢失。

　　(6) 轴移动指令的加工程序记录在 Flash 存储器中,但加工程序目录记录在 SRAM 中。CNC 控制软件读取 SRAM 内的加工程序,经插补处理后,把轴移动指令发给数字伺服控制软件进行处理。SRAM 中存储的各种数据的输出可以使用外部输入/输出设备进行存储,包括使用闪存卡、通过 USB 接口存储到 U 盘或通过 RS-232 串行接口存储到外部计算机

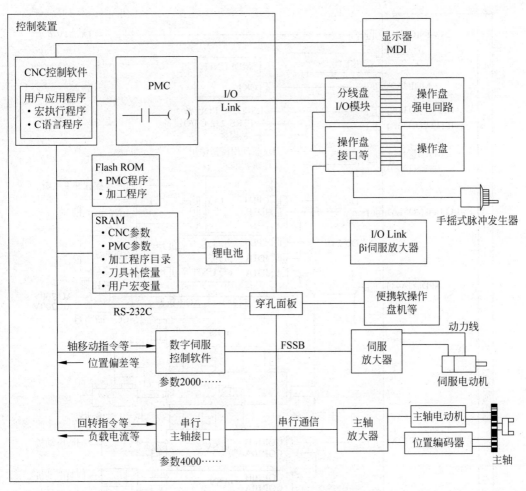

图 2-3　FANUC 0i-D 数控系统的功能模块框图

等。同样,存储在外部设备闪存卡、U 盘或外部计算机内的机床数据又可以通过这些外部输入/输出设备回传到 SRAM 中。

(7) 数字伺服控制软件控制机床的位置、速度和电动机的电流。数字伺服控制软件运算的结果通过 FSSB 的伺服串行通信总线送到伺服放大器。伺服放大器对伺服电动机通电,驱动伺服电动机运行。

(8) 伺服电动机的轴上装有编码器。由编码器将电动机旋转的角位移量和转子角度送给数字伺服 CPU。

(9) 编码器有两种。机床断电后还能记忆进给轴断电前位置的为绝对值式编码器,机床通电后需各进给轴首先回参考点的为增量式编码器。绝对值式编码器通电后即可知道机床各进给轴的坐标位置,不需要回参考点,直接进行零件的加工。增量式编码器为了使机床各坐标轴的位置与 CNC 内部的机床坐标一致,每次接通电源后,都进行返回参考点的操作。

(10) 手摇脉冲发生器通过 I/O Link 连接。

FANUC 0i-D 数控系统综合连接图如图 2-4 所示。

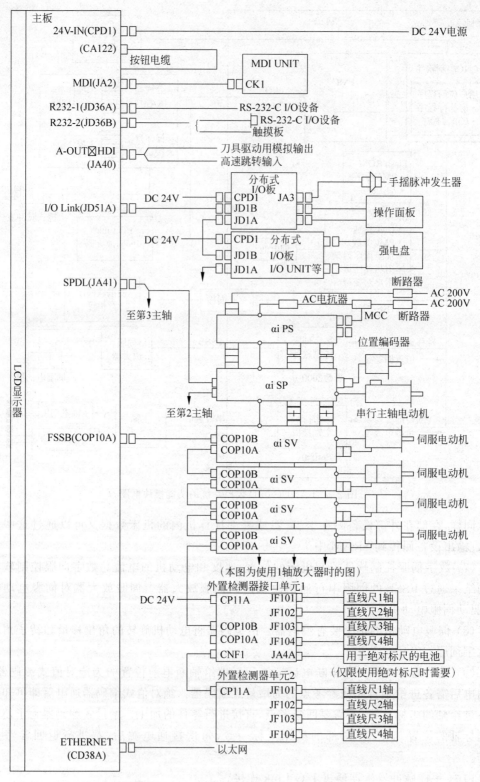

图 2-4　FANUC 0i-D 数控系统综合连接图

三、FANUC 数字伺服系统

1. βi 系列伺服放大器

βi 系列伺服放大器是一种可靠性强、性价比高的伺服系统。该系列用于机床的进给轴和主轴,通过最新的控制功能实现高速、高精度和高效率的控制。βi 伺服放大器有两种类型:βiSVSP 伺服放大器和 βiSVM 伺服放大器。

2. 多伺服轴、主轴一体化 βiSVSP 伺服放大器

βiSVSP 伺服放大器及 βi 伺服电动机具有以下特点:伺服放大器可实现伺服三轴加一个主轴或伺服两轴加一个主轴的控制,伺服电动机进给平滑、设计紧凑,编码器的分辨率比较高。

βiSVSP 伺服放大器一般根据伺服电动机及主轴电动机的型号确定。选择进给伺服电动机和主轴电动机后,就可以确定对应的伺服放大器型号。

βiSVSP 伺服放大器及 βi 伺服电动机的外观如图 2-5 所示。

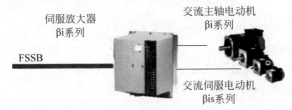

图 2-5　βiSVSP 伺服放大器及 βi 伺服电动机的外观

3. 独立安装及使用的集成式伺服放大器 βiSVM

βiSVM 伺服放大器有两种控制接口:一种是 FSSB 接口,这种接口的放大器作为进给轴使用;另一种放大器带有 I/O Link 接口,这种接口的放大器可作为 I/O Link 轴使用,不具有插补功能。βiSVM 伺服放大器根据伺服电动机型号确定。选定伺服电动机后,可以通过手册查到对应的伺服放大器的型号。

4. βi 系列电动机

(1) βiI 系列主轴电动机。βiI 系列主轴电动机装有速度传感器。速度传感器有两种类型:一种是不带电动机一转信号(One-rotation Signal)的速度传感器 Mi 系列;另一种是带电动机一转信号的速度传感器 MZi/BZi/CZi 系列。若需要实现主轴准停功能,可以采用内装 Mi 系列速度传感器的电动机,外装接近开关,实现主轴一转信号;也可以采用内装 MZi 系列的速度传感器。

主轴电动机内装冷却风扇单独供电,为主轴电动机散热。主轴电动机采用变频调速,当电动机速度改变时,要求电动机散热条件不变。

(2) βis 系列伺服电动机。βis 系列伺服电动机是 FANUC 公司推出的用于普通数控机床的高速小惯量伺服电动机,带有动力电源接口、编码器接口。当它作为重力轴使用时需选用带抱闸的伺服电动机。

βis 系列伺服电动机的编码器作为绝对值式编码器使用时,只需在放大器上安装电池和设置参数即可。

四、FANUC I/O 单元模块

FANUC PMC 由内装 PMC 软件、接口电路、外围设备(按钮、接近开关、检测元件、继电

器、电磁阀等)构成。连接系统与 I/O 接口模块的电缆为高速串行电缆,称为 I/O Link,它是 FANUC 专用 I/O 总线。

I/O 单元模块连接的硬件如图 2-6 所示。

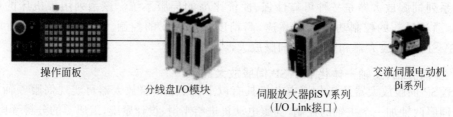

操作面板　　分线盘I/O模块　　伺服放大器βiSV系列　　交流伺服电动机βi系列
　　　　　　　　　　　　　　　　（I/O Link接口）

图 2-6　I/O 单元模块连接硬件

任务二　CNC 系统的硬件连接

【任务要求】

1. 掌握 CNC 各接口的作用。
2. 了解 βi 系列伺服放大器的连接。
3. 了解 I/O Link 接口的连接。

【相关知识】

一台典型的 CNC 控制系统包括 CNC 控制单元、伺服放大单元和进给伺服电动机、主轴驱动单元和主轴电动机、PMC 控制器、机床外围控制信号的输入/输出单元、机床的位置测量及反馈单元等。

一、CNC 控制器接口的介绍和接口的作用

1. CNC 控制器的硬件组成

控制器本体的硬件组成如图 2-7 所示。

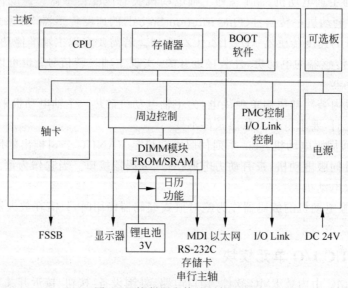

图 2-7　控制器本体的硬件组成

FANUC 0i-D 数控系统本体(控制器)实际上是一台专用的微型计算机,是 CNC 设备制造厂自己设计生产的专门用于机床的控制核心。

2. 控制器各接口的作用

CNC 控制器的背面接口如图 2-8 所示。

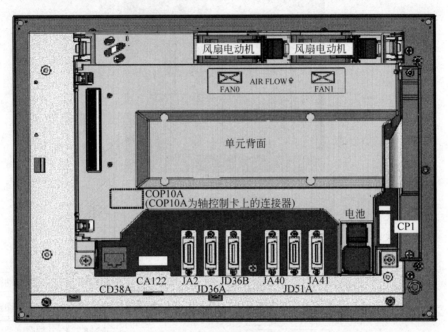

图 2-8 CNC 控制器的背面接口

CNC 控制器各接口的功能如表 2-1 所示。

表 2-1 CNC 控制器各接口的功能

接 口 号	接 口 含 义
COP10A	伺服 FSSB 总线接口,此口为光缆口
CD38A	以太网接口
CA122	系统软键信号接口
JA2	系统 MDI 键盘接口
JD36A/JD36B	RS-232C 串行接口
JA40	模拟主轴信号接口/高速跳转信号接口
JD51A	I/O Link 总线接口
JA41	串行主轴接口/主轴独立编码器接口
CP1	系统电源输入(DC 24 V)

二、βi 伺服放大器的连接

1. βiSVSP 伺服放大器的连接和外部结构

βiSVSP 伺服放大器的连接和外部结构如图 2-9 所示。

FANUC 0i-D 系统
CNC 接口介绍

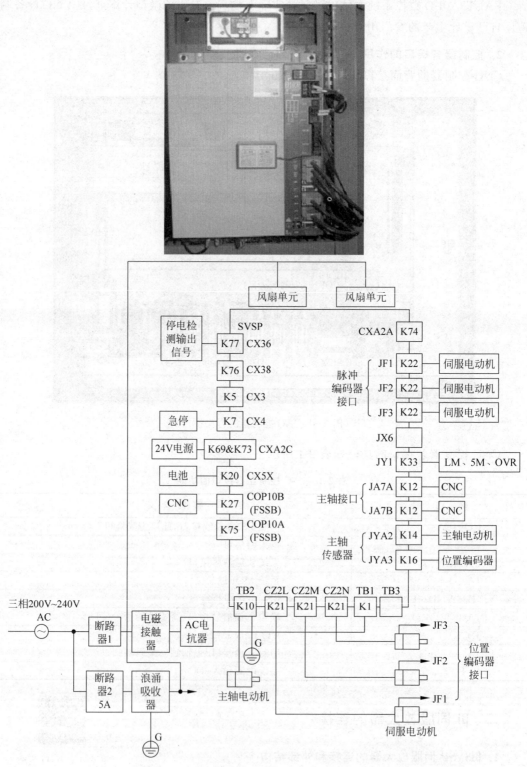

图 2-9 βiSVSP 伺服放大器的连接和外部结构

其中,各接口的功能如下。

(1) 外部 24V 直流电源的连接如图 2-10 所示。

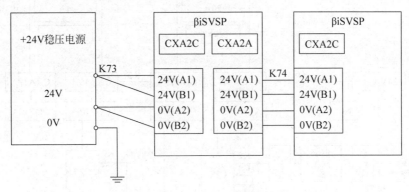

图 2-10 外部 24V 直流电源的连接

(2) TB3(SVSP 的右下面)不要接线。

(3) 顶端的两个风扇单元接外部交流 200V 电源。

(4) 伺服电动机的动力线放大器端的插头盒各不相同,CZ2L 第一进给轴、CZ2M 第二进给轴、CZ2N 第三进给轴分别对应 X、Y、Z 轴。SVSP 的强电接口如图 2-11 所示。

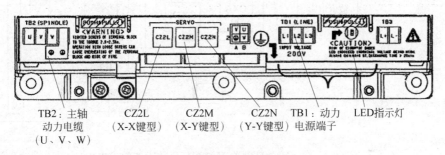

TB2:主轴　　CZ2L　　　CZ2M　　　CZ2N　　TB1:动力　 LED指示灯
动力电缆　 (X-X键型) (X-Y键型) (Y-Y键型)电源端子
(U、V、W)

图 2-11 SVSP 的强电接口

(5) 图 2-11 所示的 TB2 和 TB1 不要接错,TB2 为主轴电动机动力线,TB1 为三相交流 200V 主电源输入端。

(6) CX4(＊ESP)接口连接输入外部急停信号。伺服放大器准备好后,CX3(MCC)端口内触点闭合,控制外部交流接触器线圈得电吸合,三相 200V 主电源通过此交流接触器接入伺服放大器。

(7) JF1、JF2、JF3 接口连接进给伺服电动机的编码器电缆。

2. βiSVM 伺服放大器的连接

数控机床带模拟主轴电动机时,一般进给轴采用 βiSVM 伺服放大器作为驱动。伺服放大器有单轴型和双轴型。

βiSV20 型和 βiSV40 型伺服放大器的连接如图 2-12 所示。

(1) 主接触器接通后,CZ7-1 接口输入三相交流 200V 电源作为伺服放大器的动力电源。CZ7-1 接口的连接如图 2-13 所示。

(2) CZ7-3 输出接口连接伺服电动机。CZ7-3 接口的连接如图 2-14 所示。

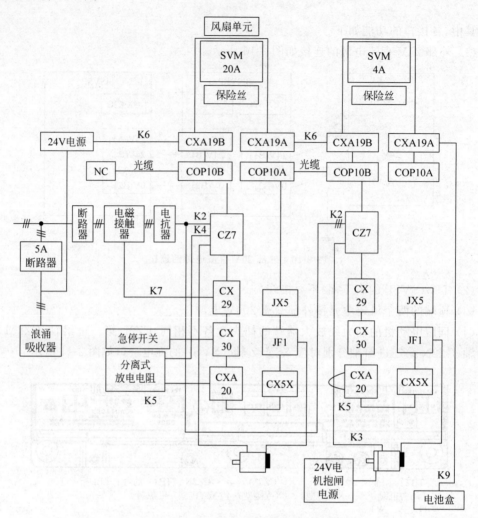

图 2-12　βiSV20 型和 βiSV40 型伺服放大器的连接

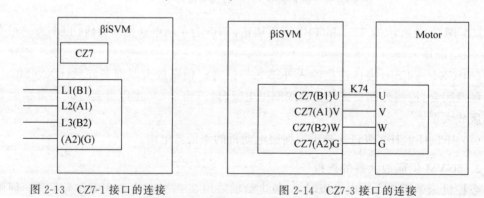

图 2-13　CZ7-1 接口的连接　　　　图 2-14　CZ7-3 接口的连接

（3）通过外部开关电源引入直流 24V 电源，作为伺服放大器控制电源。通过接口 CXA19B、CXA19A，向各个模块提供直流 24V 电源。控制电源接口如图 2-15 所示。

（4）通过 CZ7-2 接口连接放电电阻。CZ7-2 接口的连接如图 2-16 所示。

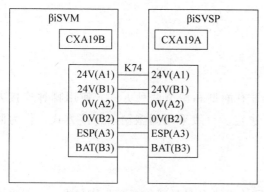

图 2-15　控制电源接口

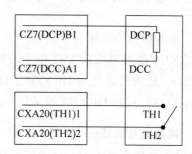

图 2-16　CZ7-2 接口的连接

（5）CX29 为电磁接触器接口。当伺服系统准备好后，CX29-1 和 CX29-3 之间的触点闭合，外部接触器线圈得电吸合，三个主触点将三相交流 200V 电源输入到 SVM 模块的主电源接口。

（6）急停 CX30 接口。CX30-1 和 CX30-2 之间外接急停信号的常闭触点，正常运行时，该触点一直闭合，当外部发生紧急情况时，按下急停按钮，该触点打开，接触器线圈失电，伺服放大器 SVM 的主电源切断。急停 CX30 接口的连接如图 2-17 所示。

（7）CXA19B 接口连接电池盒。当数控机床总电源打开后，该电池继续给绝对编码器供电，使进给轴的位置不会丢失。CXA19B 接口的连接如图 2-18 所示。

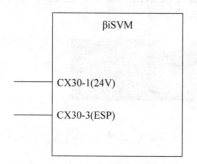

图 2-17　急停 CX30 接口的连接

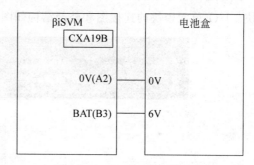

图 2-18　CXA19B 接口的连接

（8）数控车床 X 轴和 Z 轴的伺服放大器与伺服电动机的外部连接如图 2-19 所示。

图 2-19　伺服放大器与伺服电动机的外部连接

FANUC 0i-D 数控系统数字伺服系统的连接

三、输入/输出(I/O)接口的连接

1. 输入信号的连接

FANUC 数控系统的 I/O 单元的输入信号有漏型和源型两种方式。使用哪种连接方式,由输入/输出的公共端 DICOM、DOCOM 决定。一般采用漏型输入连接方式。作为漏型输入接口时,应把 DICOM 端子与 0V 端子连接。

2. 输出信号的连接

FANUC 数控系统的 I/O 单元的输出信号的连接也有漏型和源型两种方式。一般采用源型输出连接方式,将外部直流 24V 的电源与 DOCOM 连接。

3. I/O 单元模块的连接

I/O 单元模块一般通过 I/O Link 总线连接。I/O Link 总线由一台总控制器和每个通道最多 16 组的从控制器组成。在 I/O Link 总线上有连接各装置的 PMC 地址,可以在地址分配界面上任意分配。

4. 机床常用 I/O 单元模块的连接

FANUC 0i-D 系列 I/O 单元模块是 FANUC 系统数控机床使用最为广泛的 I/O 单元模块。I/O 单元模块的连接图和外部结构如图 2-20 所示。

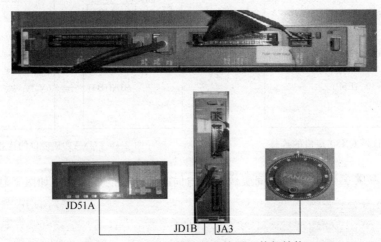

图 2-20　I/O 单元模块的连接图和外部结构

I/O 单元模块采用 4 个 50 芯插座连接的方式。4 个 50 芯插座分别为 CB104、CB105、CB106、CB107。输入点有 96 点,每个 50 芯插座中包含 24 点的输入点,这些输入点分为 3 个字节;输出点有 64 点,每个 50 芯插座中包含 16 点的输出点,这些输出点分为 2 个字节。

I/O 单元模块主要连接机床操作面板信号及机床外部的输入/输出信号。每个插座的 24 点输入信号连接如图 2-21 所示。

每个插座的 16 点输出信号连接如图 2-22 所示。

FANUC 0i-D 数控系统输入/输出(I/O)接口连接

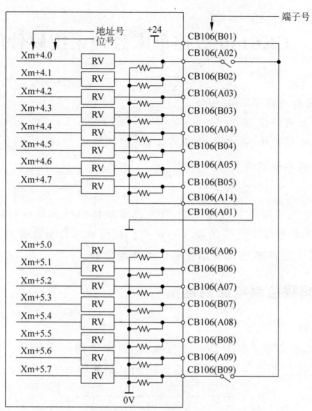

图 2-21　输入信号连接图

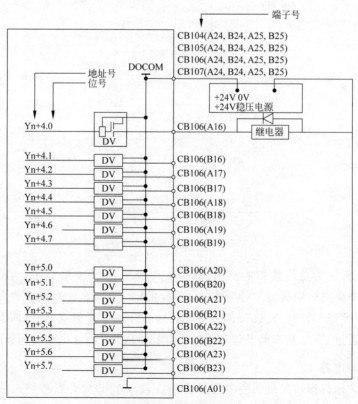

图 2-22　输出信号连接图

任务三　CK6140 数控车床数控系统硬件的连接

【任务要求】

1．掌握急停、超程等典型控制电路。

2．掌握伺服放大器的连接。

3．掌握机床操作面板输入/输出信号的连接。

4．掌握仿真控制面板信号的连接。

案例分析：CK6140 数控车床数控系统的硬件连接

【相关知识】

进行数控机床电气控制部分的设计时，应考虑数控机床所采用的功能部件，并结合数控系统、伺服系统、I/O 单元模块连接的要求和特点。数控机床各功能部件的工作原理各有不同，但 FANUC 公司主要产品的控制原理和方式是相同的。

一、急停及超程控制电路的连接

1．急停控制电路

按下数控机床操作面板上的紧急停止按钮，则机床立即停止移动。紧急停止按钮被按下时即被锁定，旋转按钮即可解除锁定。急停控制电路如图 2-23 所示。

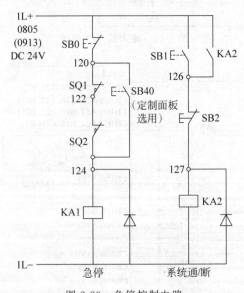

图 2-23　急停控制电路

图 2-23 中，SB0 为急停按钮的常闭触点，正常情况下，SB0 触点闭合，KA1 线圈得电。KA1 的两个常开触点分别接到 PMC 的 I/O 单元的输入点 X8.4 和伺服放大器的 CX30 接口。当按下急停按钮 SB0 时，KA1 线圈失电，同时，KA1 的常开触点打开，伺服放大器准备好信号接点，然后通过 CX29 接口断开接触器 KM0 线圈，从而断开主电源与伺服放大器的连接。

2．超程控制电路

当 X 轴或 Z 轴行程超过机床硬限位开关 SQ1 或 SQ2 设定的行程终点并试图继续移动

时,限位开关启动,相应的进给轴减速并停止移动,同时显示硬件超程报警。

二、伺服单元的电路连接

X轴和Z轴都选用 βiSVM20A 伺服放大器模块。伺服放大器的外部结构和连接如图 2-24 所示。

(a) 外部结构

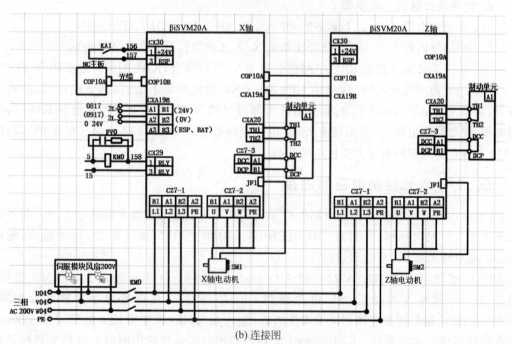

(b) 连接图

图 2-24　伺服放大器的外部结构和连接

1. 伺服放大器的急停控制

急停开关信号来自中间继电器 KA1 的常开触点。机床操作面板上的急停按钮和 X 轴、Z 轴行程限位开关常闭触点串联,用来控制中间继电器 KA1 的线圈。KA1 的常开触点接放大器接口 CX30 的 1、3 端子。

2. 主电源接触器的控制电路

由断路器 QF1 给三相交流 200V 主电源提供电路保护,断路器 QF6 给接触器 KM0 提供控制电路保护。主电源交流接触器 KM0 线圈的控制电源为交流 110V。当伺服放大器准备好之后,CX29 接口的触点闭合,主电源接触器 KM0 线圈得电吸合,三相交流 200V 电源输入到放大器接口 CZ7-1 的端子上。

3. 控制电源

开关电源 VC2 将交流 220V 电源转换为直流 24V 电源。断路器 QF9 为伺服放大器 SVM 控制电路的电源保护。直流 24V 电源 2L+、L－接到 X 轴伺服放大器接口 CXA19B,接口 CXA19A 输出直流 24V 电源接到下一个伺服放大器 Z 轴的 CXA19B 接口。

4. FSSB 控制信号

CNC 主控制器上的接口 COP10A 经 FSSB 光缆接到 X 轴伺服放大器的 COP10B 接口端,X 轴伺服放大器上的 COP10A 接口端接到 Z 轴伺服放大器的 COP10B 接口端。

5. 伺服电动机的电源及反馈连接

X 轴和 Z 轴伺服放大器接口 CZ7-3 端 U、V、W 输出三相交流电源,并输出到伺服电动机的主电源接口。伺服电动机反馈编码器电缆连接到伺服放大器 JF1 接口端。

6. 伺服放大器的上电步骤

(1) 合上总电源开关,合上断路器 QF1、QF4、QF5、QF6、QF7、QF8、QF9。

(2) 中间继电器 KA1 吸合,急停按钮及 X 轴、Z 轴限位开关在准备好的状态。

(3) 按下系统启动按钮 SB1,中间继电器 KA2 得电吸合,KA2 的常开触点闭合,2L+、L－直流 24V 电源加到 CNC 接口的 CP1 端。CNC 数控系统上电后,初始化诊断,诊断完成,控制器及伺服放大器准备好后,伺服放大器通过接口 CX29 接通交流接触器 KM0 的线圈电源,接触器得电吸合,三相交流 380V 电源经伺服变压器 TM1 降压为三相 200V 后,经 KM0 主触点输入到伺服放大器接口的 CZ7-1 端。

三、I/O 单元控制电路的连接

CK6140 数控车床实训控制电路 I/O 单元的连接可以参考前面介绍的图 2-20。图 2-20 中有 4 组 I/O 接口插槽,分别为 CB104、CB105、CB106、CB107,每组有 24/16 个输入/输出点,共 96 个输入点、64 个输出点。

CNC 控制器上的 JD51A 端口经 I/O Link 总线与 I/O 单元模块上的 JD1B 连接。1L+、L－外部输入的直流 24V 电源接到 CP1 接口,JA3 接口连接手摇脉冲发生器。CB104、CB107 接口插槽连接到机床操作面板,输入点与机床操作面板上的开关键连接,输出点连接面板上的指示灯。CB105、CB106 接口插槽分别连接机床侧的 I/O 信号转换接口板,其中,CB105 接口输入信号接机床侧的断路器辅助触点、刀架检测开关、外部急停信号、各种检测信号等,输出信号接刀架正转、反转继电器,冷却泵、润滑泵控制继电器,主轴正转、反转控制继电器,超程解除继电器等;CB106 接口输入信号接实训仿真控制面板上的按钮、各行程限位开关、回参考点减速开关等,输出信号接相应的指示灯。机床操作面板的输入/输出信号连接如图 2-25 所示。

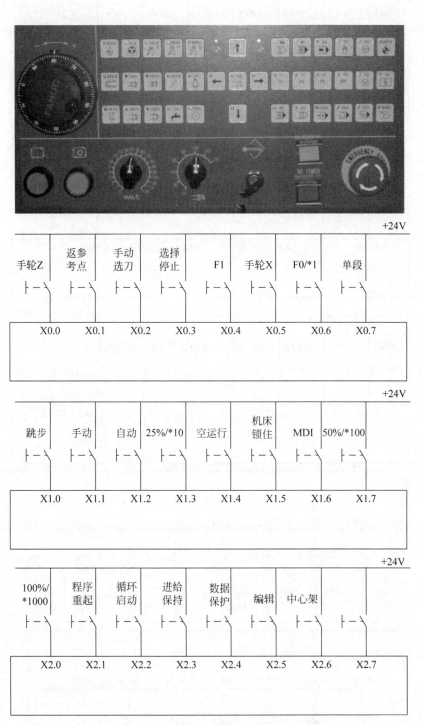

图 2-25 机床操作面板的输入/输出信号连接

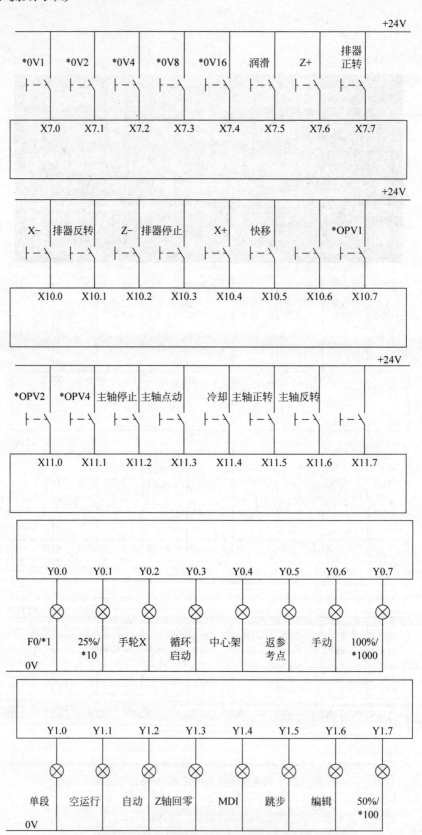

图　2-25（续）

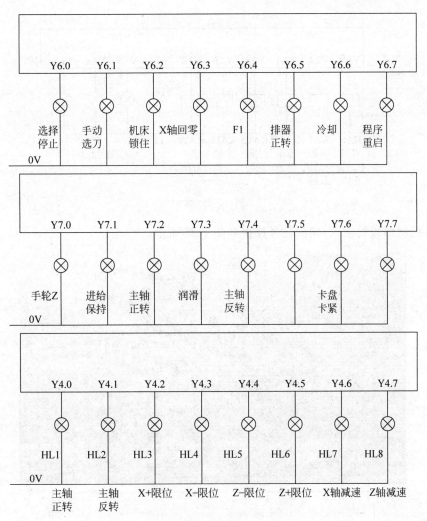

图　2-25(续)

机床侧的输入/输出信号连接如图 2-26 所示。

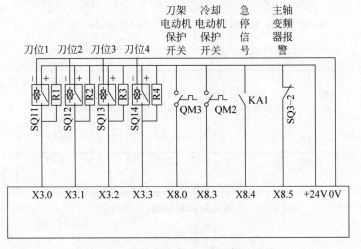

图 2-26　机床侧的输入/输出信号连接

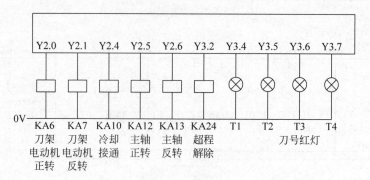

图　2-26（续）

仿真控制面板的输入/输出信号连接如图 2-27 所示。

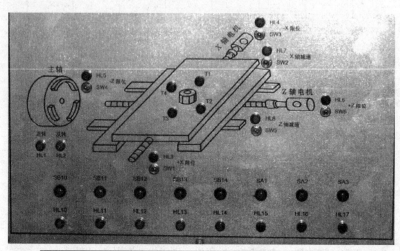

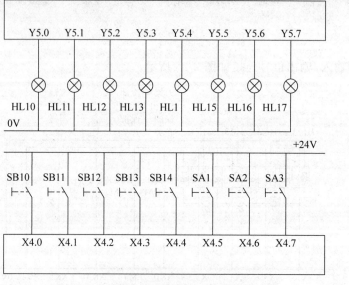

图 2-27　仿真控制面板的输入/输出信号连接

图　2-27(续)

任务四　FANUC 数控系统面板的基本操作

【任务要求】

1. 熟悉 FANUC 系统面板各个按键的含义。

2. 熟悉机床操作面板的含义。

3. 掌握 FANUC 数控系统编辑、方式等界面操作。

4. 掌握 FANUC 数控系统参数、PMC、伺服设定等界面的操作。

【相关知识】

本任务主要对 FANUC 0i-D 系列数控系统的基本操作界面、操作方法进行介绍,让读者进一步熟悉 FANUC 0i-D 系列数控系统,进而能够进行工作方式的选择、系统 PMC 及信号查看、伺服设定、主轴监控等操作。

一、FANUC 数控系统面板的组成

FANUC 系统的操作面板可分为 LCD 显示区、MDI 键盘区(包括字符键和功能键等)、软键开关区和存储卡接口。显示屏尺寸分为 8.4″LCD/MDI(彩色)和 10.4″LCD(彩色)两种。8.4″LCD/MDI(彩色)系统的外形有竖形和横形两种。10.4″LCD(彩色)的 MDI 面板是单独的,如图 2-28 和图 2-29 所示。

图 2-28　8.4″LCD/MDI(彩色)系统面板

图 2-29　10.4″LCD(彩色)系统面板

1. MDI 面板上按键的含义

FANUC 系统的 MDI 面板上各按键的分布和含义如图 2-30 所示。

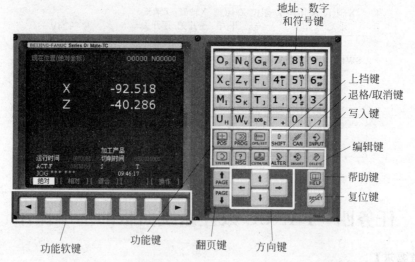

图 2-30　FANUC 系统的 MDI 面板上各按键的分布和含义

MDI 面板上按键的含义如下。

（1）MDI 键盘区上面四行为字母、数字和字符，用于字符的输入，其中 EOB 为分号（；）输入键，其他为功能或编辑键。

（2）SHIFT 键：上挡键，按一下此键，再按字符键，将输入对应右下角的字符。

（3）CAN 键：退格/取消键，可删除已输入到缓冲器的最后一个字符。

（4）INPUT 键：写入键。当按了地址键或数字键后，再按此键，数据会被输入到缓冲器，并在屏幕上显示出来。

（5）ALTER 键：替换键。

（6）INSERT 键：插入键。

（7）DELETE 键：删除键。

（8）PAGE 键：翻页键，包括上、下两个键，分别表示屏幕上页键和屏幕下页键。

（9）HELP 键：帮助键，按此键可以显示如何操作机床。

（10）RESET 键：复位键，按此键可以使 CNC 复位，用来消除报警。

（11）方向键：分别代表光标的上、下、左、右移动。

（12）功能软键：这些键对应各种功能键的各种操作功能，根据操作界面相应变化。

功能键的含义如下。

（1）POS 键：位置界面显示键，可显示系统各坐标系，包括相对坐标、绝对坐标、机械坐标、自动方式下可显示剩余移动量等。

（2）PROG 键：在编辑方式下按 PROG 键，所有和程序相关的操作都会在此界面下实现，包括程序查找、编辑、修改、删除、新建等。

（3）OFS/SET 键：OFFSET 表示补偿值，系统的各种刀具补偿都在此界面中。SETTING 表示设定界面，用于参数保护等其他常用选项的设定。

（4）SYSTEM 键：SYSTEM 表示系统，最常用的有参数、诊断、PMC 三项。

（5）MSG 键：MESSAGE 表示系统信息，当系统出现报警时，报警号和具体信息会在此界面显示，履历表示报警历史。

（6）CSTM/GR 键：图形界面或用户宏界面显示。

2. 机床操作面板上各功能按键的含义

机床的操作面板根据机床的生产厂家不同而有所不同，主要体现在按钮或者旋钮的设置方面。可以通过系统的 PMC 程序对面板各个功能按键进行设置。下面介绍的是 FANUC 标准操作面板和一款普通机床的操作面板，如图 2-31 和图 2-32 所示。

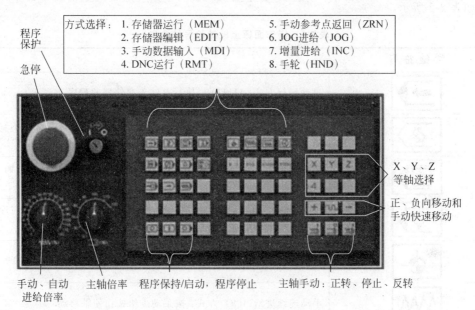

图 2-31　FANUC 标准操作面板

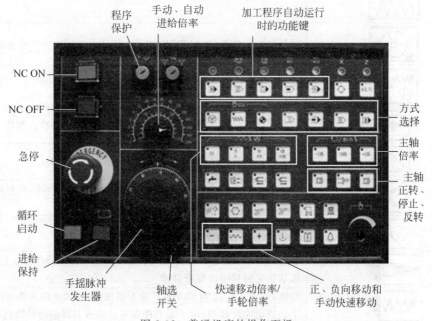

图 2-32　普通机床的操作面板

在机床的操作面板上，大致可以分为方式选择，如手动、自动、MDI 等；程序控制，如循环启动、停止、程序锁等；轴控制，如进给轴选、进给方向、主轴正转、主轴反转等；倍率控制，如主轴倍率、进给倍率等及系统电源启动、系统电源停止等。机床操作面板的主要作用包括：对系统各种功能的调整，调试机床的系统；对零件程序进行编辑；选择需要运行的零件加工程序；控制和观察程序的运行等。操作面板上的按键功能是通过系统的 PMC 程序进行控制的，这些控制的实现方法会在后续章节中介绍。操作面板上各个按键的按键符号含义如表 2-2 所示。

表 2-2　操作面板上按键符号的含义

按 键 符 号	含　　义
	自动运行方式（AUTO）：执行存储于存储器的程序
	编辑方式（EDIT）：进行加工程序的编辑和 CNC 参数等数据的输入/输出
	手动数据输入方式（MDI）：输入并执行程序；在参数界面，可输入参数；在补偿和设定界面，可输入刀具补偿、坐标系、宏变量
	DNC 方式：经 RS-232 口或存储卡实现加工，一边读取加工程序，一边进行机械加工
	返回参考点方式（REF）：手动操作回机床确定的参考点
	手动连续进给（JOG）方式：按手动进给按钮使轴移动
	步进进给（INC）方式：增量进给或定量进给，与 JOG 方式类似，但每次只走一步
	手摇脉冲发生器（HANDLE）方式：转动手摇脉冲发生器使轴移动
	手轮示教方式：在程序界面，可输入程序
	单程序段：一段一段的执行程序，一般通过该按键检查程序
	任选程序跳段：程序中出现"/"时，必须使用此开关
	程序停止，程序中指定 M00：自动停止，用于工件的检测和清理孔里的铁削，为后序做好准备
	选择停机：程序中出现 M01 时，必须使用此开关
	程序再启动：由于刀具破损或节假日等原因自动操作停止后，程序可以从指定的程序段重新启动
	空运行（试运行）：自动方式下按下该按键，各轴不以编程速度而是以手动进给速度移动，用于无工件装夹只检查刀具的运动轨迹
	机床锁住（机械闭锁）：自动方式下按下该按键，各轴不移动，只在屏幕上显示坐标值的变化

按键符号	含 义
循环启动	循环启动：自动运行开始，执行加工程序
进给保持	进给保持：自动运行停止
X1 X10 X100 X1000	手轮进给倍率：1、10、100、1000倍，注意速度和方向
X Y Z 4 5 6	手动坐标轴选择：手动进给方式下，这些键用于进给轴的选择
+ —	手动坐标轴方向选择：手动进给方式下，这些键用于选择轴的进给方向
快速移动	快速移动：按下该键，手动进给速度为快速移动速度（参数1424设定手动快速，若为0按1420设定值执行）
主轴正转	主轴正转：使主轴电动机正向旋转
主轴反转	主轴反转：使主轴电动机反向旋转
主轴停止	主轴停止：使主轴电动机停止

二、FANUC数控系统各界面的操作

1. 和机床加工有关的界面操作

FANUC 数控系统界面的基本操作（上）

（1）回参方式。回参方式是指对机床机械坐标系进行设定，可以用机床操作面板上各轴返回参考点用的开关，使刀具沿参数（1006♯5）指定的方向移动。首先，刀具以快速移动速度移动到减速点上；其次，按FL速度移动到参考点。快速移动速度和FL速度由参数（1420、1421、1425）设定。回参考点界面如图2-33所示。

（2）手动（JOG）方式。在手动（JOG）方式下，按机床操作面板上的进给轴和方向选择开关（一般为同一个键），机床会沿选定轴的选定方向移动。手动连续进给速度由参数1423设定。按快速移动开关，以1424设定的速度移动机床。手动操作通常一次移动一个轴，但也可以用参数1002♯0同时移动两个轴。手动（JOG）方式界面如图2-34所示。

（3）增量进给（INC）方式。在增量进给（INC）方式下，按机床操作面板上的进给轴和方向选择开关，机床会在选择的轴选方向上移动一步。机床移动的最小距离是最小增量单位，每一步可以是最小输入增量单位的1倍、10倍、100倍或1000倍。当没有手动操作时，此方式有效。增量进给（INC）方式界面如图2-35所示。

图 2-33　回参考点界面

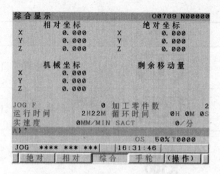

图 2-34　手动(JOG)方式界面

（4）手轮进给方式。在手轮进给方式下，使用旋转机床操作面板上的手摇脉冲发生器可使机床连续不断地移动。用开关选择移动轴和倍率；旋转手轮可使相应选定的坐标轴连续不断地移动。手轮方式和增量进给(INC)方式类似，常用于机床各个轴位置的微调，一般配置一种即可。手轮进给方式界面如图 2-36 所示。

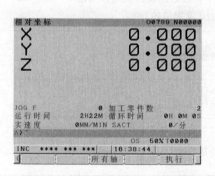

图 2-35　增量进给(INC)方式界面

图 2-36　手轮进给方式界面

（5）存储器运行方式。程序预先存在存储器中，当选定一个程序并按机床操作面板上的循环启动按钮时，机床开始自动运行。存储器运行方式界面如图 2-37 所示。

（6）MDI 运行方式。在 MDI 运行方式下，在 MDI 面板上输入一个程序段，机床可以自动执行。MDI 运行一般用于简单的测试操作。MDI 运行方式界面如图 2-38 所示。

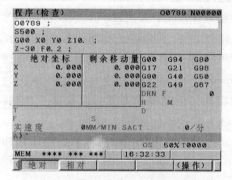

图 2-37　存储器运行方式界面

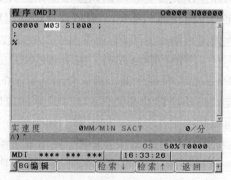

图 2-38　MDI 运行方式界面

（7）程序编辑方式。在程序编辑方式下可以进行程序的编辑、修改、查找等功能。程序编辑方式界面如图 2-39 所示。

（8）刀偏方式。刀偏方式专门用于显示和设定刀具偏置量，连续按 OFSSET 键可以进行刀偏设定。刀偏设定界面如图 2-40 所示。

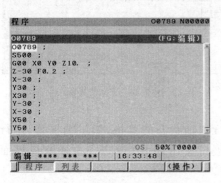

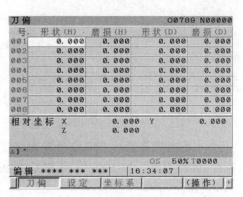

图 2-39　程序编辑方式界面　　　　　　　　　图 2-40　刀偏设定界面

2. 和机床维护操作有关的界面操作

（1）参数设定界面。参数设定界面用于参数的设置、修改等操作，在操作时需要打开参数开关。按 OFSSET 功能键会显示图 2-41 所示的界面，在该界面下可以修改参数开关，参数开关为 1 时，可以进入参数界面进行修改。参数界面如图 2-42 所示。

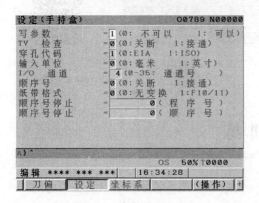

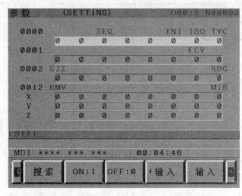

图 2-41　参数开关界面　　　　　　　　　　　图 2-42　参数界面

（2）诊断界面。当出现报警时，可以通过诊断界面进行故障的诊断，按 SYSTEM 功能键会循环出现参数、诊断、参数设定支援三个界面。诊断界面如图 2-43 所示。

（3）PMC 界面。PMC 就是利用内置在 CNC 的可编程控制器，执行机床的顺序控制程序的可编程机床控制器。PMC 界面比较常用，可以进行状态查询、PMC 在线编辑、通信等功能。按 SYSTEM 键后再按右扩展键可出现 PMC 界面。PMC 界面如图 2-44 所示。

（4）伺服监视界面。伺服监视（简称为 SV）界面主要是进行伺服的监视，如位置环增益、位置误差、电流、速度等，按 SYSTEM 键后再按右扩展键可出现 SV 设定。伺服监视界面如图 2-45 所示。

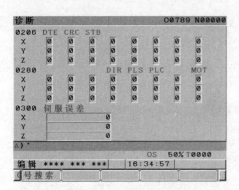
图 2-43　诊断界面

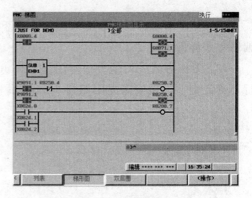
图 2-44　PMC 界面

（5）主轴监视界面。主轴监视界面主要是进行主轴状态的监视，如主轴报警、运行方式、速度、负载表等。按 SYSTEM 键后再按右扩展键会出现 SP 设定。主轴监视界面如图 2-46 所示。

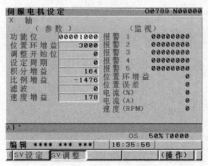
图 2-45　伺服监视界面

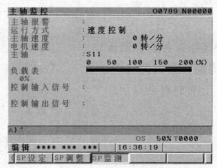
图 2-46　主轴监视界面

FANUC 数控系统界面的基本操作（下）

项 目 训 练

一、训练目的

（1）掌握 FANUC 系统相关控制电路。

（2）掌握 FANUC 系统的硬件连接方法。

二、训练项目

（1）分析伺服放大器控制电路，查找相关硬件，按照电路原理图进行上电。

（2）分析 I/O 单元模块控制电路及输入/输出连接。

练 习 题

一、填空题

1. αi 系列伺服放大器由_____、_____和_____三部分组成。

2. SVM(伺服放大器)接收通过＿＿＿＿＿＿＿总线输入CNC轴控制指令,驱动伺服电动机按照指令运转,CNC连接伺服放大器的接口为＿＿＿＿＿＿＿。

3. ROM/FLASH ROM只读存储器在数控系统中作为系统存储空间,用于存储＿＿＿＿＿＿＿和＿＿＿＿＿＿＿。

4. FANUC 0i-D数控系统输入电压为＿＿＿＿＿＿＿。

5. FANUC 0i-D数控系统机床对主轴的控制分为＿＿＿＿＿＿＿和＿＿＿＿＿＿＿,其中串行主轴控制用CNC的＿＿＿＿＿＿＿接口,模拟主轴控制用CNC的＿＿＿＿＿＿＿接口。

6. I/O Link是一个串型接口,可以将＿＿＿＿＿＿＿和＿＿＿＿＿＿＿等设备连接起来。

二、判断题

1. FANUC 0i-D数控系统的工作电源端口CP1连接三相交流电380V。(　　　)

2. FANUC 0i-D数控系统FSSB串行伺服总线,连接伺服放大器的COP10B端口。(　　　)

3. 当数控系统CNC连接多个I/O模块时是通过I/O Link串行总线连接。连接时按照A→B的原则。对应I/O模块的接口是从上一级I/O模块的JD1A接口到下一级I/O模块的JD1B接口。(　　　)

4. FANUC 0i-D数控系统和I/O单元模块一般通过I/O Link总线连接。FANUC 0i Mate-D数控系统CNC主板上JA40接口用于连接I/O单元模块。(　　　)

5. FANUC 0i-D数控系统连接手轮时,手轮连接在I/O单元的JA3接口。(　　　)

三、选择题

1. 数控系统CNC主控制器中(　　　)相当于一台微型计算机,具有命令处理、计算、数据存储等功能。

    A. 轴控制卡　　　　　B. 存储器　　　　　C. CPU　　　　　D. 显卡

2. 数控系统CNC控制器的背面接口中,伺服FSSB总线接口也就是光缆接口是(　　　)。

    A. COP10A　　　　　B. JA40　　　　　C. JD51A　　　　　D. JA41

3. βi多轴一体型伺服放大器中急停信号的输入接口是(　　　)。

    A. CX3　　　　　B. COP10A　　　　　C. CX4　　　　　D. JF1

4. βiSVM单轴型伺服放大器中急停信号的输入接口是(　　　)。

    A. CZ7-3　　　　　B. CZ7-2　　　　　C. CX29　　　　　D. CX30

5. 急停控制信号的PMC输入地址为系统固定信号地址,该地址是(　　　)。

    A. X8.4　　　　　B. X9.0　　　　　C. X7.2　　　　　D. X9.1

6. βiSVM单轴型伺服放大器模块的控制电源直流24V的输入接口是(　　　)。

    A. CZ7-3　　　　　B. CZ7-2　　　　　C. CX29　　　　　D. CXA19B

四、画图题

画出实训设备模拟CK6140数控机床用的βiSVM单轴型伺服放大器的连接。

项目三

CNC 系统参数的设定

任务一 基本参数的设定

【任务要求】

1. 掌握进给轴的轴名称参数设定方法。
2. 掌握基本速度参数的用途。

【相关知识】

数控系统的参数是指完成数控系统与机床结构和机床各种功能匹配的数值。它决定了机床的功能、控制精度等。机床参数设置得正确与否,直接影响了机床的正常工作及机床性能的充分发挥。

一、FANUC 数控系统参数的概念和分类

参数分系统参数和 PLC 参数。系统参数包括保密参数和一般参数。保密参数是厂家没有公开的参数。一般参数是机床配置及功能参数,如轴数、轴性质、串行接口定义、编程功能等相关参数。PLC 参数包括计时器参数、计数器参数、保持继电器参数等。

以上两类参数是搭建操作者平台必不可少的条件。参数恢复时,先恢复系统参数,之后重新启动系统,再恢复 PLC 参数。本项目主要介绍系统参数的设置与调整。

根据数据的类型,参数的分类如表 3-1 所示。

表 3-1 参数的分类

数 据 类 型	有效的数据范围
位型	0 或 1
位轴型	0 或 1
字节型	$-128 \sim +127$
字节轴型	$0 \sim 255$
双字型	$-99999999 \sim +99999999$
双字轴型	$-99999999 \sim +99999999$

位型和位轴型参数,每个数据由 8 位数字组成,每个数字都有不同的含义。轴型参数允

许参数分别设定给每个轴。表 3-1 中,各数据类型的数值范围为一般有效范围,具体的参数值范围实际上并不相同,可参照各参数的详细说明来确定。

二、FANUC 数控系统常用参数的含义

FANUC 数控系统
基本参数设定

FANUC 数控系统有很多参数,不可能对每一个参数都进行设定。CNC 系统出厂前已设定了标准参数,机床厂根据实际机床的功能,也会设定其中一部分参数。每台数控机床都有进给轴,连接时,要最低限度地设定进给轴所需的相应参数。

1. 直线轴的最小移动单位指定参数

直线轴的最小移动单位指定参数如图 3-1 所示。

参数	#7	#6	#5	#4	#3	#2	#1	#0
1001								INM

图 3-1　直线轴的最小移动单位指定参数

直线轴的最小移动单位指定参数是 1001 的第 0 位,字母简称 INM。该参数设置为 0,表示直线轴的最小移动单位为公制;该参数设置为 1,表示直线轴的最小移动单位为英制。

2. 直径/半径指定参数

直径/半径指定参数如图 3-2 所示。

参数	#7	#6	#5	#4	#3	#2	#1	#0
1006					DIA			

图 3-2　直径/半径指定参数

直径/半径指定参数是 1006 的第 3 位,字母简称 DIA。该参数设置为 0,表示轴移动指令按半径规格设置;该参数设置为 1,表示轴移动指令按直径规格设置。

3. 轴名称参数设定

轴名称参数设定如图 3-3 所示。机床坐标如图 3-4 所示。

参数	1020	各轴的轴名称

图 3-3　轴名称参数设定

轴名称设定参数是 1020。这个参数是轴参数,可以通过该参数设置三个进给轴的名称。如设第一轴为 88,第二轴为 89,第三轴为 90,表示三个轴名称分别设为 X、Y、Z。如果设第一轴为 65,第二轴为 66,第三轴为 67,表示三个轴名称分别设为 A、B、C。一般设置三个轴名称为 X、Y、Z。

4. 轴属性参数设定

轴属性参数设定如图 3-5 所示。

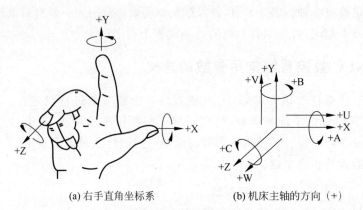

(a) 右手直角坐标系　　　　　(b) 机床主轴的方向（+）

图 3-4　机床坐标

参数	1022	各轴属性的设定

图 3-5　轴属性参数设定

轴属性设定参数是 1022。这个参数是轴参数,可以通过该参数设置三个进给轴在基本坐标系中的顺序。如该参数设置为 1,指明该轴是坐标系的 X 轴;该参数设置为 2,指明该轴是坐标系的 Y 轴;设为 3,指明该轴是坐标系的 Z 轴。

5. 回转轴参数设定

回转轴参数设定如图 3-6 所示。

参数	#7	#6	#5	#4	#3	#2	#1	#0
1006								ROT

图 3-6　回转轴参数设定

回转轴设定参数是 1006 的第 0 位。字母简称 ROT。这个参数是轴参数,该参数设置为 0,表示该轴是直线轴;该参数设置为 1,表示该轴是旋转轴。把某一轴当作回转轴使用时,要设定该参数。

6. 相对和绝对坐标的参数显示设置

相对和绝对坐标的参数显示设置如图 3-7 所示。

参数	#7	#6	#5	#4	#3	#2	#1	#0
1008						RRL		ROA

图 3-7　相对和绝对坐标的参数显示设置

相对坐标的显示设置参数是 1008 的第 2 位,字母简称 RRL。这个参数是轴参数,该参数设置为 0,表示相对坐标不按每转移动量循环显示;该参数设置为 1,表示相对坐标按每转移动量循环显示。绝对坐标旋转轴循环显示功能设置参数是 1008 的第 0 位,字母简称 ROA。这个参数也是轴参数。该参数设置为 0,表示绝对坐标旋转轴循环显示功能无效;该参数设置为 1,表示绝对坐标旋转轴循环显示。

旋转轴每转移动量参数设置如图 3-8 所示。

参数	1260	旋转轴每转移动量

图 3-8 旋转轴每转移动量参数设置

旋转轴每转移动量设置参数是 1260,这个参数是轴参数。在归算化设定中,1 转的移动量设置为 360 度时,359.999 的下面就是回到 0。一般该参数设置为 360.000。

7. 软限位检测参数设定

软限位检测参数设定如图 3-9 所示。

参数	#7	#6	#5	#4	#3	#2	#1	#0
1300		LZR						

图 3-9 软限位检测参数设定

软限位检测设置参数是 1300 的第 6 位,字母简称 LZR。该参数设置为 0,表示软限位检测在返回参考点之前检测;该参数设置为 1,表示软限位检测在返回参考点之后检测。

软限位参数设定如图 3-10 所示。

参数	1320	各轴移动范围正极限
参数	1321	各轴移动范围负极限

图 3-10 软限位参数设定

在返回参考点前,设定最大值(参数 1320＝99999999)和最小值(参数 1321＝－99999999)。参数 1320 的设定值小于 1321 的设定值时,行程无限大。

8. 位置检测参数设置

位置检测参数设置如图 3-11 所示。

参数	#7	#6	#5	#4	#3	#2	#1	#0
1815			APC				OPT	

图 3-11 位置检测参数设置

位置检测器类型设置参数是 1815 的第 5 位,字母简称 APC。该参数设置为 0,表示配有增量式位置检测装置;该参数设置为 1,表示配有绝对式位置检测装置。这个参数根据位置检测装置的类型设置。1815 的第 1 位设置是否使用分离型脉冲编码器,设置为 0,表示不使用分离型脉冲编码器;设置为 1,表示使用分离型脉冲编码器。

各轴位置环增益参数设置如图 3-12 所示。

参数	1825	各轴位置环增益(0.01s)

图 3-12 各轴位置环增益参数设置

设定伺服响应,标准值设定为 3000。各轴到位宽度参数设置如图 3-13 所示。

参数	1826	各轴到位宽度

图 3-13 各轴到位宽度参数设置

位置偏差量(诊断号 300 的值)的绝对值小于该设定值时,认作定位已结束。因为位置偏差量与进给速度成正比,所以到位状态可以认为是设定速度下的状态。各轴移动位置偏差极限参数设置如图 3-14 所示。

参数	1828	各轴移动位置偏差极限

图 3-14　各轴移动位置偏差极限参数设置

给出移动指令后,如位置偏差量超出设定值,发出 SV0411 号报警。各轴停止位置偏差极限参数设置如图 3-15 所示。

参数	1829	各轴停止位置偏差极限

图 3-15　各轴停止位置偏差极限参数设置

在没有给出移动指令时,位置偏差超出该设定值发出 SV0410 报警。

9. 速度相关参数

快速移动参数设置如图 3-16 所示。

参数	#7	#6	#5	#4	#3	#2	#1	#0
1401		RDR					RPD	

图 3-16　快速移动参数设置

参数 1401 的第 1 位是设置机床(配置增量编码器时)未执行参考点返回操作前手动快速移动是否有效。设置为 0 时,机床未执行参考点返回操作前手动快速移动无效;设置为 1 时,机床未执行参考点返回操作前手动快速移动有效。参数 1401 的第 6 位是设置机床对于快速移动指令,空运行是否有效。设置为 0 时,对于快速移动指令空运行无效。设置为 1 时,对于快速移动指令空运行有效。

机床空运行速度参数设定如图 3-17 所示。

参数	1410	设定机床空运行速度

图 3-17　机床空运行速度参数设定

各轴快速移动速度设定如图 3-18 所示。

参数	1420	各轴快速移动速度,G00 速度

图 3-18　各轴快速移动速度设定

快速倍率为 100% 时,各轴的快速移动速度即为指令 G00 速度。

各轴快速倍率为 F0 时的快速移动速度设定如图 3-19 所示。

参数	1421	各轴快速倍率为 F0 时的快速移动速度

图 3-19　各轴快速倍率为 F0 时的快速移动速度选定

手动进给倍率 100% 时的手动进给速度参数设置如图 3-20 所示。

参数	1423	各轴点动移动速度，JOG 方式下点动进给速度

图 3-20　手动进给倍率 100％时的手动进给速度参数设置

手动快速倍率为 100％时手动快速移动速度参数设置如图 3-21 所示。

参数	1424	各轴手动快速移动速度，JOG 方式下快速进给速度

图 3-21　手动快速倍率为 100％时手动快速移动速度参数设置

该参数设定为 0 时，使用参数 1420（各轴快移速度）的设定值。

各轴参考点返回时减速后返参速度参数设置如图 3-22 所示。

参数	1425	各轴参考点返回操作时的 FL 速度，减速后的返参速度，如 300mm/min

图 3-22　各轴参考点返回时减速后返参速度参数设置

各轴参考点返回时减速前返参速度参数设置如图 3-23 所示。

参数	1428	各轴参考点返回速度，减速前的返参速度，如 5000mm/min

图 3-23　各轴参考点返回时减速前返参速度参数设置

各轴最大切削速度参数设置如图 3-24 所示。

参数	1430	各轴最大切削速度

图 3-24　各轴最大切削速度参数设置

10. 加减速的相关参数

加减速相关参数设置如图 3-25 所示。

参数	♯7	♯6	♯5	♯4	♯3	♯2	♯1	♯0
1610				JGLx			CTBx	CTLx

图 3-25　加减速相关参数设置

点动进给加减速类型设置参数是 1610 的第 4 位，字母为 JGLx。该参数设置为 0，表示点动进给加减速类型为指数型加减速；该参数设置为 1，表示点动进给加减速类型与切削进给加减速类型一致。切削进给或空运行加减速类型设置参数是 1610 的第 1 位和第 0 位，1610 的第 1 位参数设置为 0，表示切削进给或空运行加减速类型是指数型或直线型加减速；该参数设置为 1，表示切削进给或空运行加减速类型是铃型加减速。1610 的第 0 位设置为 0，表示切削进给或空运行加减速类型是指数型加减速；设置为 1，表示切削进给或空运行加减速类型是直线型加减速。

各轴加减速时间常数参数设置如图 3-26 所示。

参数	1620	各轴快速移动直线型加减速时间常数 T 或铃型加减速时间常数 T1

图 3-26　各轴加减速时间常数参数设置

1620 为各轴快速移动加减速时间常数设置参数。参数 1620 的设定值一般为 20～100ms。

直线加减速示意图如图 3-27 所示。

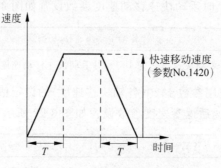

图 3-27　直线加减速示意图

任务二　伺服参数设定

【任务要求】

1. 掌握 FSSB 的设置方法。

2. 掌握伺服参数的设定方法。

【相关知识】

FANUC 伺服系统是一个全数字的系统,系统中的轴卡是一个子 CPU 系统,可完成用于伺服控制的位置、速度、电流三环的运算控制,并将 PWM 控制信号传给伺服放大器,从而控制伺服电动机的转速。

一、FANUC 数控系统 FSSB 的初始设定

FANUC 0i-D 数控系统通过高速串行伺服总线 FSSB(FANUC Serial Servo Bus)连接 CNC 控制器和伺服放大器,这些放大器叫作从控设备。两轴放大器由两个从控装置组成,三轴放大器由三个从控装置组成。按照离 CNC 由近到远的顺序赋予从控装置 1、2、3 等编号。可在 FSSB 设定界面上,确定 FSSB 的伺服放大器与控制器之间的关系。FSSB 的设定步骤如下。

(1) 按下急停按钮后,接通电源。

(2) 设定参数 1902#1、1902#0 为 0。

FSSB 的相关参数设定如图 3-28 所示。

参数	#7	#6	#5	#4	#3	#2	#1	#0
1902				JGLx			ASE	FMD

图 3-28　FSSB 的相关参数设定

1902 的第 1 位是指 FSSB 设定方式在自动方式下是否完成。该参数设置为 0,表示自动设定未完成;该参数设置为 1,表示自动设定已经完成。

1902 的第 0 位是指 FSSB 设定方式。该参数设置为 0,表示 FSSB 的设定方式为自动方式;该参数设置为 1,表示 FSSB 的设定方式为手动方式。

设定完成后,需要将电源重新上电。

(3) 按照以下步骤,设定 FSSB 的放大器设定界面。

① 按下 SYSTEM 功能键，显示系统界面。

② 数次按下右扩展键。

③ 按下 FSSB 软键。

④ 按下"放大器"软键，显示放大器显示界面。

⑤ 按照连接 FSSB 的顺序显示伺服放大器的信息,如图 3-29 所示。

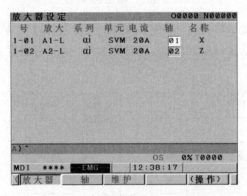

图 3-29　伺服放大器的显示界面

a. 在"号"栏中,用 n-m 的形式进行表示,分别表示 FSSB 通道号与从属设备号。

- n:FSSB 的通道号。
- m:1 表示连接接口为 COP10A-1 的从属设备号。

b. 在"放大"栏中,显示的是连接到 FSSB 的伺服放大器的信息,用 An-x 形式表示,显示的项目如下。

- n:放大器号(连接 FSSB 的顺序号)。
- x:放大器内的轴号。其中,L 为放大器内的第 1 轴;M 为放大器内的第 2 轴;N 为放大器内的第 3 轴。

在"电流"栏中,显示伺服放大器的最大电流值。

(4) 当光标显示放大器设定界面的"轴"栏时,输入与各机床轴对应的 CNC 的轴号,参数 14340~14375 中设定的为相对应的轴号。界面右侧的"名称"栏中,显示的是 CNC 的轴名称(参数 1020),同时,扩展的轴名称功能有效,参数 1025 和 1026 设定轴名称的其他字母。若控制轴号码设置为 0 时,用"—"表示。

(5) 按下"设定"软键时,发生 PW0000 报警,需要切断电源,按下 SYSTEM 功能键可以继续进行操作。设定重复的轴号或 0 时,显示"数据超出范围"。按下"读入"软键时,立即恢复参数设定之前的数据。

(6) 在 FSSB 界面中按下"轴"软键后,显示"轴设定"界面,如图 3-30 所示。

(7) 设定分离式检测器接口单元的连接器号与 CS 轮廓控制功能。

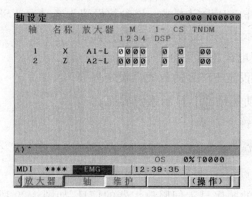

图 3-30 “轴设定”界面

使用分离式检测器接口单元时，在 M1 和 M2 上设定对应各轴的连接器号，如图 3-31 所示。不使用分离式检测器接口单元的轴，应设定为 0；使用分离式检测器接口单元的轴，应修改参数 1815＃1=1。

右例场合，设定如下。

名称	轴号	M1	M2
1	X	1	0
2	Y	2	0
3	Z	0	0

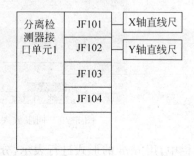

图 3-31 连接器号设定

(8) 按下“设定”软键 设定 。自动设定结束时，参数 1902＃1 自动变为 1。忘记按下“设定”软键时，显示“报警 SV5128：轴设定未完成”。

(9) 切断电源，再接通。

(10) FSSB 的设定结束，通过参数 1902＃1：ASE 变为 1 来确认。FSSB 的设定进行变更时，应将参数 1902＃1：ASE 设定为 0，再进行一次这样的操作。组合不正确时，会发出 SV0466“电动机/放大器不匹配”报警。

二、FANUC 数控系统伺服参数的初始设定

伺服初始化是在完成了 FSSB 连接与设定的基础上进行的电动机一转移动量以及电动机种类的设定。伺服电动机必须经过初始化相关参数正确设定后才能够正常运行。

1. 伺服参数的设定

(1) 设定“初始化设定位”参数号 2000，如图 3-32 所示。

参数	＃7	＃6	＃5	＃4	＃3	＃2	＃1	＃0
2000							DGP	

图 3-32 伺服初始化参数设定

参数 2000 的第 1 位是伺服初始化设定标志参数，字母为 DGP。该参数为 0 表示进行伺服参数的初始设定；该参数为 1 表示结束伺服参数的初始设定。伺服初始化设定完成后，这个参数会自动变为 1。

（2）设定电动机代码参数号 2020。读取伺服电动机标签上的电动机规格号（A06B-xxxx-Byyyy）的中间 4 位数字（xxxx）和电动机型号，如图 3-33 所示。

图 3-33　伺服电动机标签上的电动机规格号

βis 系列电动机的代码如表 3-2 所示。从表中查询得到电动机代码。

表 3-2　βis 系列电动机的代码

电动机型号名称	电动机规格	电动机代码
βis 0.2/5000	0111	260
βis 0.3/5000	0112	261
βis 0.4/5000	0114	280
βis 0.5/6000	0115	281
βis 1/6000	0116	282
βis 2/4000	0061	253
βis 4/4000	0063	256
βis 8/3000	0075	258
βis 12/3000	0078	272
βis 22/2000	0085	274

（3）设定 AMR 参数号 2001，如图 3-34 所示。

电动机类型	#7	#6	#5	#4	#3	#2	#1	#0
αis 电动机	0	0	0	0	0	0	0	0
βis 电动机	0	0	0	0	0	0	0	0

图 3-34　设定 AMR 参数号

（4）设定指令倍乘比 CMR 参数号 1820。利用 CMR 使 CNC 的最小移动单位和伺服电动机的检测单位相匹配。CMR 的设定值设定为 2。

（5）设定柔性齿轮比参数号 2084、2085。由电动机每转的移动量和"进给变比"的设定，确定机床的检测单位，其公式如下。

$$\frac{进给变比\ N}{进给变比\ M} = \frac{电动机每转的反馈脉冲数}{100\ 万}$$

$$= \frac{电动机每转的移动量/检测单位}{100\ 万}$$

不论使用何种脉冲编码器,计算公式都相同。

M、N 均为 32767 以下的值,公式约为真分数。

例如,电动机每转的移动量为 12mm/rev;检测单位为 1/1000mm。则

$$\frac{N}{M} = \frac{12/0.001}{1000000} = \frac{3}{250}$$

车床系统通常使用直径编程,因此检测单位为 5/10000mm,计算后,上述 N/M 值为 12/500。

(6)设定转动方向参数号 2022。机床正向移动时,伺服电动机的旋转方向设定值如表 3-3 所示。

表 3-3　伺服电动机的旋转方向设定值

逆时针方向旋转时	顺时针方向旋转时
设定值=111	设定值=－111

设定的旋转方向应该是从电动机轴这一侧观察的旋转方向。

(7)设定速度脉冲数参数号 2023。设定脉冲数为 8192。

(8)设定位置脉冲数参数号 2024。设定脉冲数为 12500。

(9)设定"参考计数器"的参数号 1821。通常,设定为电动机每转的位置脉冲数。例如,电动机每转移动 12mm,检测单位为 0.001mm 时,设定为 12000。在数控车床系统中,指定直径轴的检测单位为 0.0005mm 时,上例设定值变为 24000。

例如,电动机每转移动 12mm,单位为 1/1000mm 时的设定如表 3-4 所示。

表 3-4　伺服参数设定举例

| 设定项目 | 加工中心用 | 车　床　用 | | 备　　注 |
		X 轴	Z、Y 轴	
直径/半径指定	—	直径指定	半径指定	参数 1006♯3
初始设定位	××××××00	××××××00	××××××00	
电动机代码	( )	( )	( )	根据电动机类型
AMR	00000000	00000000	00000000	
CMR	2	2	2	倍率=1
柔性齿轮比 N	12	12	12	
柔性齿轮比 M	1000	500	1000	
旋转方向	111/－111	111/－111	111/－111	
速度脉冲数	8192	8192	8192	半闭环、0.001mm 时
位置脉冲数	12500	12500	12500	
参考计数器	12000	24000	12000	电动机 1 转的脉冲数

上述车床系统中,直径指定的轴检测单位为 5/1000mm。

2. 伺服参数初始化步骤

（1）在急停状态下接通电源。

（2）设定显示伺服设定界面的参数，如图3-35所示。

参数	#7	#6	#5	#4	#3	#2	#1	#0
3111								SVS

图3-35　显示伺服设定界面参数

显示伺服设定界面的参数为参数3111的第0位，字母为SVS。该参数设置为0，不显示伺服设定/伺服调整界面；该参数设置为1，显示伺服设定/伺服调整界面。为了便于伺服参数的设定，需要将此参数设置为1，能查看到伺服设定相关的界面。

（3）切断电源，再接通电源。

（4）按照下列步骤设定伺服参数。

① 按下 SYSTEM 功能键。

② 数次按下右侧扩展按键。

③ 按下"伺服设定"软键，显示"伺服设定"界面，如图3-36所示。

（5）切断电源，再接通电源。

（6）显示伺服设定界面，确定初始化设定位为1，完成设定，如图3-37所示。

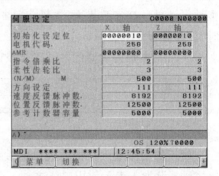

图3-36　"伺服设定"界面

参数	#7	#6	#5	#4	#3	#2	#1	#0
2000							DGP	
2000	0	0	0	0	(1)	0	1	0

图3-37　确定初始化设定位

其中，第3位自动变为1。

三、FANUC 数控系统主轴参数的设定

主轴控制方法主要有串行主轴和模拟主轴两种。串行主轴在 CNC 控制器与主轴放大器之间进行串行通信，交换转速和控制信号。串行主轴必须使用 FANUC 公司生产的主轴放大器。模拟主轴用模拟电压通过变频器控制主轴电动机转速。主轴变频器可以使用任何厂家生产的变频器。

FANUC 数控系统
伺服参数设定

1. 各主轴所属通道的参数设定

主轴所属通道的参数设定如图3-38所示。

参数	982	各主轴所属的通道号

图3-38　主轴所属通道的参数设定

参数 982 设定为 0 时,主轴属于第一通道(串行主轴)。

参数 982 设定为 1 时,主轴一般为模拟主轴。

2. 各主轴对应的放大器号参数设定

各主轴对应的放大器号参数设定如图 3-39 所示。

参数	3717	各主轴对应的放大器号

图 3-39　各主轴对应的放大器号参数设定

各主轴对应的放大器号参数是参数 3717,该参数数据范围是 0 到最大控制主轴数。该参数设为 0 表示放大器没有连接;设为 1 表示使用与 1 号放大器连接的主轴电动机;设为 2 表示使用与 2 号放大器连接的主轴电动机。该参数设为 n 表示使用与 n 号放大器连接的主轴电动机。在参数界面,主轴电动机分别用 S1,S2……表示。如果机床仅使用模拟主轴时,该参数设定为 1。

使用的主轴放大器的种类参数设定如图 3-40 所示。

参数	#7	#6	#5	#4	#3	#2	#1	#0
3716								A/S

图 3-40　主轴放大器的种类参数设定

使用的主轴放大器的种类设定参数是参数 3716 的第 0 位。该参数设为 0 表示使用模拟主轴;设为 1 表示使用串行主轴。

多主轴控制参数设定如图 3-41 所示。

参数	#7	#6	#5	#4	#3	#2	#1	#0
3702							EMS	

图 3-41　多主轴控制参数设定

是否使用多主轴控制设定参数是参数 3702 的第一位。该参数设为 0 表示使用多主轴控制;设为 1 表示不使用多主轴控制。该参数设定为 0 时,不进行主轴最高转速钳制。

各主轴最高钳制转速如图 3-42 所示。

参数	3772	各主轴最高钳制转速

图 3-42　各主轴最高钳制转速

铣床系统多轴控制时,No.3736 主轴电动机最高钳制转速无效。

任务三　案例分析:数控车床的参数设定

【任务要求】

1. 掌握数控系统初始化清零。

2. 掌握参数输入方法。

3. 初始化 FSSB 和伺服放大器。

4. 操作数控机床运行。

【相关知识】

在CK6140数控车床模拟实训装置中,首先将系统内存清零,然后按照步骤输入机床参数及伺服参数,输入完成并重新上电后,系统应没有任何报警,再在选定的方式下运行X轴和Z轴,机床可正常运行。

一、FANUC数控系统参数输入的步骤

1."参数"界面的显示及参数编辑

系统参数可按照以下步骤进行调用和显示。

(1) 按SYSTEM功能键,再按"参数"软键。

(2) 按翻页键或者光标键,找到期望的参数。

(3) 输入参数号,按"检索"软键。

"参数"界面如图3-43所示。

2. 系统参数的设定

(1) 进入MDI方式或急停状态。

(2) 打开参数写保护。

按功能键OFFSET/SETTING,再按"设定"软键,出现如图3-44所示的界面。

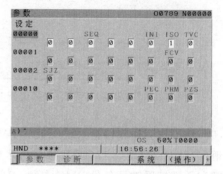

图3-43　"参数"界面

将"写参数"一项设定为1(1表示可以),出现"SW0100参数写入开关处于打开"的报警,如图3-45所示。

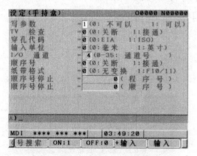

图3-44　系统参数设定界面

图3-45　"报警信息"界面(参数写入开关处于打开状态)

(3) 按功能键SYSTEM。

(4) 按"参数"软键,通过参数调用和显示的方法找到期望的参数号。

(5) 输入参数值,按INPUT输入键确认参数输入。输入重要参数后,会出现"PW0000必需关断电源"的报警,如图3-46所示,需要关机后重新启动系统。

(6) 参数修改完成后再次打开如图3-44所示界面,将"写参数"设置为0,关闭参数写保护。

二、机床参数设定的过程

1. 存储器全清操作

同时按下RESET+DELETE按键,并且给系统上电,直到系统上电启动完成后,松开两个按键,出现初始化对话ALL FILE INITIALIZE OK?(NO=0,YES=1),输入1,系统

自动进入初始化,完成后,出现日期时间调整对话 ADJUST THE DATA/TIME?（NO＝0,YES＝1),若日期及时间有误,输入 1 进行调整,完成后出现 IPL 菜单,输入 0(END IPL)结束 IPL 功能,系统完成初始化,即存储器全清(参数/偏置量和程序)的操作。初始化后,一般会出现报警,如图 3-47 所示。

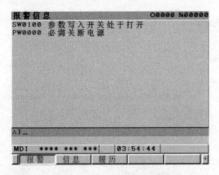

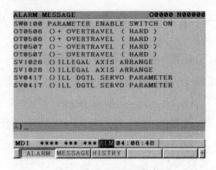

图 3-46　"报警信息"界面(必需关断电源)　　　图 3-47　初始化后的报警信息界面

该操作会清除包括系统参数和 PMC 参数的所有参数,因此,在该操作之前应将 I/O 通道(参数 0020)设为 17(USB 接口),然后用 U 盘备份 PMC 参数。依次按下 SYSTEM 功能键和软键扩展键可备份 PMC 参数。PMC 参数备份界面如图 3-48 所示。如何将 PMC 参数备份在 U 盘里,会在具体位置的项目中进行详细介绍。

2. 设定系统语言

初始化完成后,界面显示为英文,一般需要调整为简体中文。

设定参数 PRM3281＝15,即中文(简体字),或者用菜单进行选择,如图 3-49 所示。

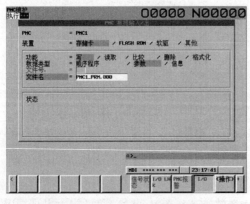

图 3-48　PMC 参数备份界面　　　　　图 3-49　语言设置界面

按功能键 OFFSET/SETTING,再继续按"＋"软键 3 次,按下 LANG 软键,选择中文(简体字),再按 OPRT 软键,再按 APPLY 软键,语言设定即完成。

3. 参数设定

运用参数设定帮助功能进行设定操作,按 SYSTEM 功能键会循环出现"参数""诊断""参数设定支援"3 个界面,如图 3-50 所示。

一般常用参数的设定可以通过"参数设定支援"来完成。进入"参数设定支援"界面,选

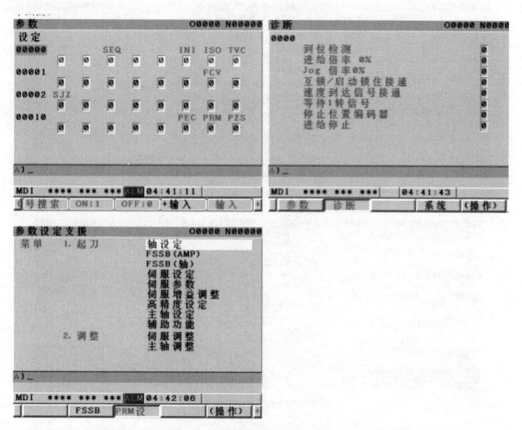

图 3-50　"参数""诊断""参数设定支援"界面

择轴设定选项,再按"初始化"软键,出现"是否设定初始值",按"执行"软键进行设置,所有轴设定的参数即设定完成。此时被赋予标准值,会出现 PW0000 号报警。

标准值设定完成后,关机重启系统,在出现"参数设定支援"界面时,按"操作"软键,再按"选择"软键后,进入轴设定的内容界面,根据机床需要,设定参数。

轴设定中主要有 4 个组,分别为基本组(BASIC)、坐标组(COORDINATE)、进给速度组(FEED RATE)、加/减速组(ACC/DEC),如图 3-51~图 3-53 所示。可对每一组参数分别进行设定。

图 3-51　轴设定的基本参数

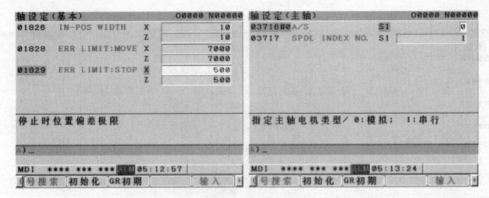

图　3-51（续）

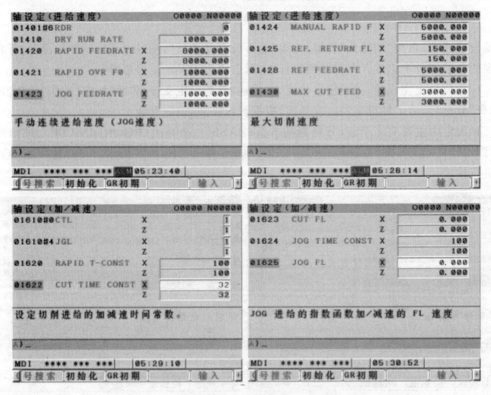

图 3-52　轴设定的坐标参数

图 3-53　轴设定的进给速度和加/减速设定参数

参数设定支援中，与轴设定相关的 NC 参数如表 3-5 所示。

表 3-5 与轴设定相关的 NC 参数设置

参数号	参数名	参数含义	标 准 值	设 定 值 例
1001#0	INM	指定直线轴最小移动单位 0：MM 公制系统； 1：INCH 英制系统		0
1013#1	ISC	最小输入增量和最小指令增量设定 0：IS-B0.001；1：IS-C0.0001		X 0 Z 0
1005#0	ZRN	手动回参考点前，自动运行指定了除指令 G28 外的其他指令是否发生 P/S224 报警； 0：发出 PS0224 报警； 1：不报警	X 0 Z 0	X 0 Z 0
1005#1	DLZ	无挡块回参考点功能 0：无效；1：有效		X 0 Z 0
1006#0	ROT	设定直线轴和回转轴 0：直线轴；1：回转轴		X 0 Z 0
1006#3	DIA	移动量指定方式 0：半径指定；1：直径指定		X 1 Z 0
1006#5	ZMI	返回参考点方向 0：正向；1：反向		X 0 Z 0
1008#0	ROA	设定旋转轴的循环功能有效或无效 0：无效；1：有效（标准设定值）		X 1 Z 1
1008#2	RRL	相对坐标的一转移动量 0：不取整；1：取整	X 1 Z 1	X 1 Z 1
1020	AXIS NAME	程序轴名 X=88；Y=89；Z=90	X 88 Z 90	X 88 Z 90
1022	AXIS ATTRIBUTE	各轴在基本坐标系中的顺序	X 1 Z 3	X 1 Z 3
1023	SERVO AXIS NUM	伺服轴号的设定	X 1 Z 2	X 1 Z 2
1815#1	OPT	分离型脉冲编码器 0：不使用；1：使用		X 0 Z 0
1815#4	APZ	机械位置和绝对位置与检测器的位置 0：一致；1：不一致		X 0 Z 0
1815#5	APC	选择位置检测器 0：增量式；1：绝对式		X 0 Z 0
1825	SERVO LOOP GAIN	伺服的位置环增益		X 5000 Z 5000
1826	IN-POS WIDTH	到位宽度		X 10 Z 10
1828	ERR LIMIT：MOVE	移动时位置的偏差极限		X 7000 Z 7000
1829	ERR LIMIT：STOP	停止时位置的偏差极限	X 500 Z 500	X 500 Z 500

参数号	参数名	参数含义	标准值	设定值例
3716#0	A/S	指定主轴电动机的类型 0：模拟；1：串行	0	0
3717	SPDL INDEX NO.	为各个主轴电动机设定编号	1	1
1240	REF. POINT #1	第1参考点位置（机械坐标系）		X 0.000 Z 0.000
1241	REF. POINT #2	第2参考点位置（机械坐标系）		X 0.000 Z 0.000
1260	AMOUNT OF PTO	设定旋转轴转一周的移动量	X 360.000 Z 360.000	X 360.000 Z 360.000
1320	LIMIT 1+	储存行程限位1正向坐标系		X 999999.000 Z 999999.000
1321	LIMIT 1-	储存行程限位1负向坐标系		X -999999.000 Z -999999.000
1401#6	RDR	快速空行 0：无效；1：有效	0	0
1410	DRY RUN RATE	设定空运转的速度及手动直线及圆弧插补的进给速度		1000.000
1420	RAPID RUN RATE	快速移动速度		X 1000.000 Z 1000.000
1421	RAPID OVRRIDE FO	快速移动速度倍率F0		X 1000.000 Z 1000.000
1423	JOG FEEDRATE	手动连续进给速度（JOG速度）		X 1000.000 Z 1000.000
1424	MAUNAL RAPID F	手动快速移动速度		X 5000.000 Z 5000.000
1425	RETURN FL	回参考点的FL速度		X 150.000 Z 150.000
1428	REF. FEEDRATE	回参考点速度		X 5000.000 Z 5000.000
1430	MAX CUT FEEDRATE	最大切削速度		X 3000.000 Z 3000.000
1610#0	CTL	切削进给、空运转的加速度 0：指数函数型；1：直线型		X 1 Z 1
1610#4	JGJ	JOG进给的加/减速 0：指数函数； 1：与切削进给一样		X 1 Z 1
1620	RAPID TIME CONST	设定快进的直线型加/减速时间常数		X 100 Z 100
1622	CUT TIME CONST	设定切削进给加/减速时间常数		X 32 Z 32

续表

参数号	参 数 名	参 数 含 义	标 准 值	设 定 值 例
1623	CUT	插补后切削进给的加/减速的 FL 速度		X 0.000 Z 0.000
1624	JOG TIME CONST	设定 JOG 进给的时间常数		X 100 Z 100
1625	JOG FL	JOG 进给的指数函数加/减的 FL 速度		X 0.000 Z 0.000

重新启动完成后,进入"参数设定支援"界面,选择"伺服设定"菜单,按"操作"软键,再按"选择"软键,再按"切换"软键,进入"伺服设定"界面,根据机床要求设定伺服参数,如图 3-54 所示。输入完毕后,出现"PW0000 必须关断电源"报警,重新上电启动系统后,主轴参数即设定完成。

重新启动后,进入参数设定界面,设定与主轴相关的参数。将界面调至参数界面,对 PRM8133♯0 号参数进行修改,将值修改成 1。根据机床上是否装有主轴位置编码器,对 PRM3799 号参数进行修改,

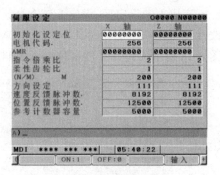

图 3-54 "伺服设定"界面

设定 PRM3799＝00000010。根据机床要求设定主轴参数,对 PRM3741 号参数进行修改,设定 PRM3741＝1500,如图 3-55 所示,主轴参数的设置可参见表 3-6。输入完毕后,出现"PW0000 必须关断电源"报警,重新上电启动后,主轴参数即设定完成。

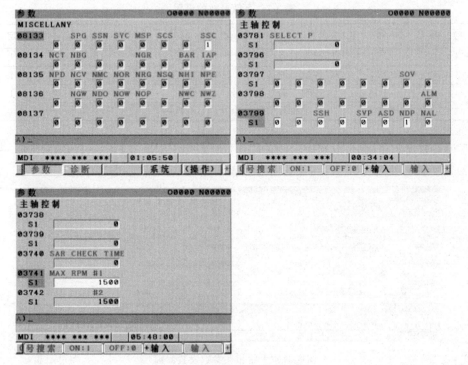

图 3-55 主轴参数设定界面

表 3-6　主轴参数的设置

参　数　号	参　数　名	参　数　含　义	初　始　值	设　定　值
8133♯0	SSC	是否使用恒线速控制功能 0：不使用；1：使用	0	1
3799♯1	NDP	是否进行模拟主轴时的位置编码器的 断线检查 0：进行；1：不进行	0	1
3741	MAX RPM ♯1	与齿轮 1 对应的主轴最大转速	0	1500

完成主轴设定后，设定互锁参数。将界面调至"参数"界面，对 PRM3003 号参数进行修改，设定 PRM3003＝00001101；对 PRM3004 号参数进行修改，设定 PRM3004＝00100000，如图 3-56 所示。设置互锁参数时可参照表 3-7，完成后重启。

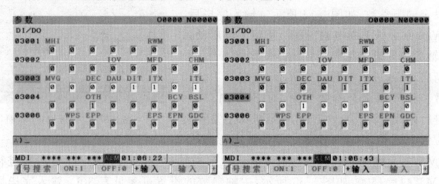

图 3-56　互锁参数设置界面

表 3-7　互锁参数的设置

参　数　号	参　数　名	参　数　含　义	初　始　值	设　定　值
3003♯0	ITL	互锁信号（1：无效）	0	1
3003♯2	ITX	各轴互锁信号（1：无效）	0	1
3003♯3	DIT	各轴方向互锁信号（1：无效）	0	1
3004♯5	QTH	各轴超程信号的检测（1：不检测）	0	1

互锁参数设定完成后，设定手轮相关的参数。设定 PRM8131♯0＝1、PRM7113 ＝100、PRM7114＝100，如图 3-57 所示，设置时参照表 3-8。设定完成后重启。

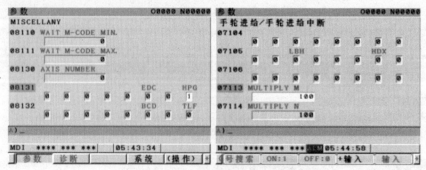

图 3-57　手轮相关参数设置界面

表 3-8　手轮相关参数的设置

参　数　号	参　数　名	参　数　含　义	初　始　值	设　定　值
8131♯0	HPG	手轮进给是否使用(1：使用)	0	1
7113	MULTIPLY M	手轮进给倍率 M	0	100
7114	MULTIPLY N	手轮进给倍率 N	0	100

重启完成后，系统无报警，此时要把 PMC 参数通过 U 盘输入系统中，如图 3-58 所示。系统无报警即可进行正常操作。

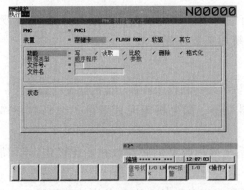
图 3-58　PMC 参数输入/输出界面

FANUC 数控系统参数设定方法

项 目 训 练

一、训练目的

(1) 掌握数控系统参数的设定方法。

(2) 完成数控车床参数的设定。

(3) 实现数控车床所有方式选择的功能。

二、实训项目

通过 CK6140 数控车床模拟装置完成以下参数的设定及观察修改参数后的现象。

(1) 设置 1020 轴名称参数。

(2) 1423 设置手动进给速度。

(3) 3281 语言设置(从 15 设为 1)。

(4) 手轮功能参数 8131 设置(1 使用手轮，0 不使用手轮)。

(5) 拷屏参数 3301♯7 设为 1，I/O 通道(参数 0020)设为 17(USB 接口)，插入 U 盘，持续按住 Shift 键 5 秒，把当前的系统界面以图片的形式保存在 U 盘内。

练 习 题

一、填空题

1. 数控机床的参数可以分为_____和_____两大类。

2. 在进行机床参数设定之前,一定要清楚所设定的参数的_____和允许的设定数据_____,否则机床有被损坏的危险,甚至危及人身安全。

3. 进行机床参数设置时,机床应该置于_____方式。

4. 轴型参数要分别设定_____。

5. FANUC 0i-D 数控系统机床参数按照数据形式可以分为_____和_____。

6. 在进行机床参数全清操作时,应同时按下 MDI 键盘的_____和_____两个按键。

7. 有的参数修改完成后会立即生效,有的参数修改后不会立即生效,而且会出现报警,此时说明该参数修改必须_____,重启系统后参数才能生效。

二、判断题

1. 数控系统的参数是指完成数控系统与机床结构和机床各种功能的匹配的数值。( )

2. 参数 1815♯5 表示 APC 位置检测器类型。如果机床配置增量式编码器,安装减速挡块,该参数设置为 1。( )

3. 参数 2000♯1(DGP)设置为"0"时,系统进行数字伺服参数初始化设定,当伺服参数初始化后,该位的内容不变。( )

4. 在进行参数设定之前,一定要清楚所要设定参数的含义和允许的数据设定范围。参数设定错误,机床就有被损坏的危险,甚至危及人身安全。( )

5. 打开写参数的权限后,系统会出现 100 号报警,并自动切换到报警界面。同时按下 RESET＋CAN 键,可消除 100 号报警。( )

三、选择题

1. 在数控系统中有关进给轴性能设置的参数是( )。
   A. 系统参数　　　　　　　　　　B.(坐标)轴参数
   C. PLC 参数　　　　　　　　　　D. 用户参数

2. FANUC 0i-D 数控系统在修改系统参数时,系统应处于( )模式。
   A. EDIT　　　　　B. JOG　　　　　C. MDI　　　　　D. DNC

3. FANUC 0i-D 数控系统,系统参数全清的操作是按下( )按键。
   A. RESET＋DELETE　　　　　　　B. DELETE
   C. SYSTEM＋DELETE　　　　　　D. OFSSET＋DELETE

4. 参数 1821 表示参考计数器容量设定,通常设定为电动机每转的位置脉冲数。例如,电动机每转移动 5mm,检测单位为 0.001mm 时,参数 1821 设定为( )。
   A. 1000　　　　　B. 500　　　　　C. 2000　　　　　D. 5000

5. 位型参数就是对该参数的 0～7 这八位单独设置,位型参数设定的数据范围是( )。
   A. "0"或"1"　　　B. 0～10　　　　C. 0～100　　　　D. "−1"或"1"

四、简答题

1. 简述 FANUC 0i-D 数控系统机床参数全清后,参数设置的操作过程。

2. 简述机床软限位的设定步骤。

PMC 的基本功能

任务一　PMC 接口控制

【任务要求】

1. 掌握 I/O 模块的地址分配。

2. 掌握 PMC 与机床、CNC 之间的关系。

【相关知识】

　　PMC(Programmable Machine Controller)是专用于数控机床外部辅助电气控制的控制装置。它是数控系统内装的可编程机床控制器。通过对 PMC 的编程，数控机床可实现冷却控制、自动润滑控制、自动卡盘夹紧松开控制、顶尖的前后移动控制、刀塔的自动换刀控制、主轴的正反转控制、刀库机械手的自动换刀控制、自动托盘的交换控制等辅助控制功能。

　　PMC 主要有响应速度快、控制准确、可靠性好、抗干扰能力强、编程方便、控制功能修改方便等优点。

一、PMC 功能介绍

　　数控机床所受的控制可分为两类：第一类是对各坐标轴运动进行的"数字控制"，即控制机床各坐标轴的移动距离、各轴运行的插补、补偿等；第二类是"顺序控制"，即在数控机床运行过程中，以 CNC 内部和机床各行程开关、传感器、按钮、继电器等的开关量信号状态为条件，并按照预先规定的逻辑顺序对诸如主轴的起停、换向，刀具的更换，工件的夹紧、松开，液压、冷却、润滑系统的运行等进行的控制。

　　1. 机床操作面板控制

　　将机床操作面板上的控制信号直接输入 PMC，以控制数控系统的运行。

　　2. 机床外部开关输入信号控制

　　将机床侧的开关信号输入 PMC，经逻辑运算后，输出给控制对象。这些开关包括各类控制开关、行程开关、接近开关、压力开关和温控开关等。

　　3. 输出信号控制

　　PMC 输出的信号经强电柜中的继电器、接触器，通过机床侧的液压或气动电磁阀，对刀库、机械手和回转工作台等装置进行控制，另外，还对冷却泵电动机、润滑泵电动机及电磁制动器等进行控制。

4. 伺服控制

控制主轴和伺服进给驱动装置的使能信号,以满足伺服驱动的条件。通过驱动装置驱动主轴电动机、进给伺服电动机和刀库电动机等。

5. 报警处理控制

PMC 收集强电柜、机床侧和伺服驱动装置的故障信号,将报警标志区中的相应报警标志位置位,数控系统便显示报警号及报警提示信息,以方便故障诊断。

6. 转换控制

对于转换控制,有些加工中心可以实现主轴立/卧转换。PMC 完成的主要工作包括:切换主轴控制接触器;通过 PMC 的内部功能,在线自动修改有关机床的数据位;切换伺服系统进给模块,并切换用于坐标轴控制的各种开关、按键等。

PMC 的功能框图如图 4-1 所示。

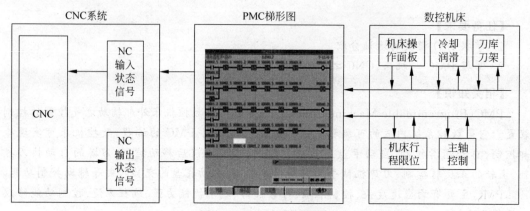

图 4-1　PMC 的功能框图

二、PMC 控制信号及地址

PMC 的结构及控制信号的工作流程如图 4-2 所示。

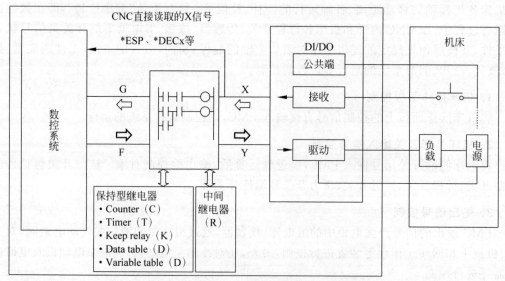

图 4-2　PMC 的结构及控制信号的工作流程

在图 4-2 中能够看到,X 信号是来自机床侧的输入信号,如接近开关、限位开关、操作按钮等输入信号元件的状态。PMC 接收机床侧各装置输入的信号并在控制程序中进行逻辑运算,以作为机床动作的条件和对外围设备进行诊断的依据。除了急停信号等几个特殊信号的地址是特定的,大部分输入信号地址是由机床厂家设计人员分配的。

Y 信号是由 PMC 输出到机床侧的信号。在 PMC 控制程序中,根据控制功能的要求,输出控制信号控制机床侧的电磁阀、接触器、信号灯等,满足机床运行的需要。输出信号地址是由机床厂家设计人员分配的。

F 信号是数控系统 CNC 到 PMC 的信号。F 信号可以将伺服电动机和主轴电动机的状态以及机床状态和动作的信号,比如机床选通返参工作方式、位置检测信号、系统准备完成信号、系统复位信号等,反馈到 PMC 中进行逻辑运算,以作为机床动作的条件以及自诊断的依据。

G 信号是 PMC 到数控系统 CNC 的信号。G 信号对系统部分进行控制和信息反馈,比如轴互锁信号、M 代码执行完毕信号等。G、F 信号的地址由 FANUC 系统厂家规定,具体地址可以查系统手册。例如,自动运转启动信号 ST 的地址是 G7.2。

急停信号(* ESP)和跳转信号(SKIP)等高速信号由 CNC 直接进行读取。这些输入信号的 X 地址是系统确定的。对于直接的输入信号,可参考表 4-1。其他 X 信号和 Y 信号的地址,可根据实际情况任意定义。前面带"*"的信号是负逻辑信号。例如,急停信号 X8.4(* ESP)通常为 1,处于急停状态时为 0。

表 4-1　输入信号的 X 地址(T 为车床用信号、M 为铣床用信号)

输入信号种类		地　　　　址							信号分类
X004	SKIP♯1	ESKIP♯1	−MIT2♯1	+MIT2♯1	−MIT1♯1	+MIT1♯1	ZAE♯1	XAE♯1	T
		SKIP6♯1	SKIP5♯1	SKIP4♯1	SKIP3♯1	SKIP2♯1	SKIP8♯1	SKIP7♯1	
		ESKIP♯1				ZAE♯1	YAE♯1	XAE♯1	M
		SKIP6♯1	SKIP5♯1	SKIP4♯1	SKIP3♯1	SKIP2♯1	SKIP8♯1	SKIP7♯1	
X007				DEC5♯2	DEC4♯2	DEC3♯2	DEC2♯2	DEC1♯2	
X008				* ESP1					
X009				DEC5♯1	DEC4♯1	DEC3♯1	DEC2♯1	DEC1♯1	
X013	SKIP♯2	ESKIP♯2	−MIT2♯2	+MIT2♯2	−MIT1♯2	+MIT1♯2	ZAE♯2	XAE♯2	T
		SKIP6♯2	SKIP5♯2	SKIP4♯2	SKIP3♯2	SKIP2♯2	SKIP8♯2	SKIP7♯2	
									M

三、I/O Link 的地址分配

1. I/O Link 的地址范围

I/O Link 的地址范围如表 4-2 所示。

表 4-2　I/O Link 的地址范围

种　　类		范　　围	备　　注	
X	外部→PMC	X0000～X0127	I/O Link 输入	通道 1
		X0200～X0327		通道 2

续表

种　类		范　围	备　注	
Y	PMC→外部	Y0000～Y0127	I/O Link 输出	通道1
		Y0200～Y0327		通道2
G	PMC→CNC	G0000～	CNC 功能信号	
F	CNC→PMC	F0000～		

2. FANUC I/O 单元的连接

FANUC I/O 模块的硬件连接如图 4-3 所示。

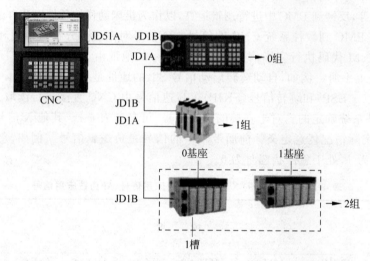

图 4-3　I/O 模块的硬件连接

FANUC I/O Link 是一个串行接口,将 CNC、单元控制器、分布式 I/O、机床操作面板或 Power Mate 连接起来,并在各设备间高速传送 I/O 信号(位数据)。当连接多个设备时,FANUC I/O Link 将一个设备认作主单元,其他设备作为子单元,子单元的输入信号每隔一定周期送到主单元,主单元的输出信号也每隔一定周期送至子单元。FANUC 0i-D 系列和 FANUC 0i Mate-D 系列中,JD51A 插座位于 CNC 系统主板上。I/O Link 分为主单元和子单元,作为主单元的 FANUC 0i/0i Mate 系列控制单元与作为子单元的分布式 I/O 连接。子单元分为若干个组,一个 I/O Link 最多可连接 16 组子单元(FANUC 0i Mate 系统中 I/O 的点数有所限制)。根据单元的类型以及 I/O 点数的不同,I/O Link 有多种连接方式。PMC 程序可以对 I/O 信号的分配和地址进行设定,用来连接 I/O Link。I/O 点数最多可达 1024/1024 点。I/O Link 的两个插座分别叫作 JD1A 和 JD1B,对所有单元(具有 I/O Link 功能)来说是通用的。电缆总是从一个单元的 JD1A 连接到下一单元的 JD1B。

由于各个 I/O 点及手轮脉冲信号都连接在 I/O Link 总线上,因此在编辑 PMC 梯形图之前,要进行 I/O 模块的设置,即地址分配。在 PMC 中进行模块分配,实质上就是把硬件连接和软件设定统一的地址(物理点和软件点的对应)。

为了地址分配的命名方便,将各 I/O 模块的连接定义出组、座、槽的概念。

(1)组(group)。系统和 I/O 单元之间通过 JD1A→JD1B 串行连接,离系统最近的单元称为第 0 组,以此类推,最大到 15 组。

（2）座（base）。使用 I/O UNIT-MODEL A 时，在同一组中可以连接扩展模块，因此，在同一组中为区分其物理位置，定义主副单元分别为 0 基座、1 基座。

（3）槽（slot）。使用 I/O UNIT-MODEL A 时，在一个基座上可以安装 5～10 槽的 I/O 模块，从左至右依次定义其物理位置为 1 槽、2 槽等。

3. FANUC I/O Link 的地址分配

FANUC 0i-D/0i Mate-D 系统，由于 I/O 点、手轮脉冲信号都连在 I/O Link 上，所以在 PMC 编辑梯形图之前都要进行 I/O 模块的设置（地址分配），同时还要考虑手轮的连接位置。I/O 点数的设定是按照字节数的大小，根据实际的硬件单元所具有的容量和要求通过命名进行设定，如表 4-3 所示。

表 4-3　I/O 点数的设定规则

种　类		适　用　规　则
输入设定	OC01I	适用于通用 I/O 单元的名称设定，12 个字节的输入
	OC02I	适用于通用 I/O 单元的名称设定，16 个字节的输入
	OC03I	适用于通用 I/O 单元的名称设定，32 个字节的输入
	/n	适用于通用、特殊 I/O 单元的名称设定，n 字节
输出设定	OC01O	适用于通用 I/O 单元的名称设定，8 个字节的输出
	OC02O	适用于通用 I/O 单元的名称设定，16 个字节的输出
	OC03O	适用于通用 I/O 单元的名称设定，32 个字节的输出
	/n	适用于通用、特殊 I/O 单元的名称设定，n 字节

系统的 I/O 单元模块地址分配很自由，但有一个规律，连接手摇脉冲发生器的模块必须为 16 个字节，且手摇脉冲发生器连在离 CNC 控制器最近的一个 16 字节大小的 I/O 单元模块的 JA3 接口上。对于此 16 个字节的模块，Xm+0 到 Xm+11 用于输入点（即使实际上没有这么多输入点，但为了连接手摇脉冲发生器，也需如此分配），Xm+12 到 Xm+14 用于三个手摇脉冲发生器的输入信号。

配套实训设备 CK6140 数控车床控制系统教学设备带手轮 I/O 模块的地址分配：0i-D 系统 I/O 接口 JD51A 仅连接一个 I/O 单元模块，不再连接其他模块时，可设置如下。

X 从 X0 开始，用键盘输入：0.0.1.OC02I，表示该模块的输入地址为 16 个字节，字节的地址范围从 X0 到 X15。

Y 从 Y0 开始，用键盘输入：0.0.1.OC01O，表示该模块的输出地址为 8 个字节，字节的地址范围从 Y0 到 Y7。地址分配具体设定界面如图 4-4 所示。

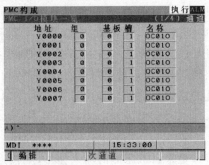

图 4-4　地址分配界面

当只连接一个手轮(第一手轮)时,旋转手轮可看到 Xm+12 中信号在变化。Xm+15 用于输出信号的报警。m 为模块分配时的起始地址,一旦分配的起始地址(m)定义完成以后,模块内的点地址也相对有了固定地址。手轮连接示意图如图 4-5 所示。

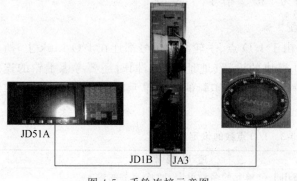

JD51A

JD1B　JA3

图 4-5　手轮连接示意图

PMC 接口控制

任务二　PMC 的功能

【任务要求】

1. 掌握 PMC 程序的编制方法。

2. 掌握典型功能指令的应用。

【相关知识】

与 PMC 有关的程序包括两类:第一类是面向 PMC 内部的程序,即系统管理程序和编译程序,这些程序由系统生产厂家设计,并固化到系统存储器中;第二类是面向机床厂家产品功能的应用控制程序,即用户程序。PMC 用户程序的表达方法主要有两种:梯形图和语句表。梯形图是数控机床生产厂家设计人员广泛使用的编程语言。梯形图程序采用类似于继电器触点、线圈的图形等符号,更容易被从事机床电气设计的技术人员所理解和掌握。

一、PMC 控制信号的含义

地址用来区分信号,不同的地址分别对应机床侧的输入/输出信号、CNC 侧的输入/输出信号、内部继电器、计数器、保持型继电器和数据表。在编制 PMC 程序时,所需的四种类型的地址如图 4-6 所示。图中,MT 与 PMC 相关的输入/输出信号由 I/O 板的接收电路和驱动电路传送,其余几种信号仅在存储器(如 RAM)中传送。

地址的格式用地址号和位号来表示。地址号的开头必须指定一个字母,表示信号的类型。字母与信号类型的对应关系如表 4-4 所示。在功能指令中指定字节单位的地址位号可以省略。

X 信号是来自机床侧的输入信号(如接近开关、限位开关、操作按钮等元件)。I/O Link 的地址是从 X0 开始的,第一通道共 128 个字节。PMC 接收从机床各个检测装置发来的输

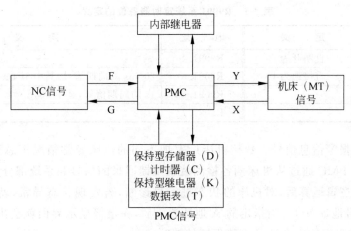

图 4-6 PMC 信号地址的四种类型

表 4-4 地址字母与信号类型的对应关系

字 母	信号的类型
X	由机床向 PMC 的输入信号(MT→PMC)
Y	由 PMC 向机床的输出信号(PMC→MT)
F	由 NC 向 PMC 的输入信号(NC→PMC)
G	由 PMC 向 NC 的输出信号(PMC→NC)
R	内部继电器
D	保持型存储器的数据
C	计数器
K	保持型继电器
T	可变定时器

入状态信号,在控制程序中进行逻辑运算。X 信号是机床动作的条件及对外围设备进行诊断的依据。Y 信号是 PMC 输出到机床侧的信号,PMC 根据控制要求,通过输出 Y 信号控制机床侧的电磁阀、接触器、信号指示灯等动作,满足机床运行的需要。

F 信号是数控系统 CNC 输入到 PMC 的信号。F 信号在 PMC 程序中可以作为机床动作的条件,还可以作为机床自诊断的依据,其地址是 F0～F255 和 F1000～F1255(地址号加1000 是分配给第二系统的)。G 信号是 PMC 侧输出到数控系统 CNC 的信号,对系统部分进行控制和信息反馈,其地址范围是 G0～G255 和 G1000～G1255(地址号加 1000 是分配给第二系统的)。

R 为内部继电器。在梯形图中,经常需要中间继电器做辅助运算。内部继电器地址从R0 开始,R0～R1499 供通用中间继电器使用。R9000～R9117 作为 PMC 系统程序保留区域,这部分中间继电器不能用作梯形图中的线圈使用,例如,R9091 为系统定时器。其各位的含义如表 4 5 所示。

表 4-5　R9091 系统定时器各位的定义

地　址	定　义	地　址	定　义
R9091.0	一直断开为 0	R9091.4	—
R9091.1	一直接通为 1	R9091.5	200ms 的周期信号,其中 104ms 为 1,96ms 为 0
R9091.2	—	R9091.6	1s 的周期信号,其中 504ms 为 1,496ms 为 0
R9091.3	—	R9091.7	—

A 为 PMC 报警信息信号。数控机床厂家把不同的机床异常情况汇总后,编写错误代码和报警信息。PMC 通过从机床侧各检测装置反馈回来的信号和系统部分的状态信号,经过 PMC 程序的逻辑运算后,对机床的状态进行自诊断,若发现状态异常,就会将对应该异常现象的 A 信号地址置 1。当指定的 A 地址置 1 后,在报警显示界面就会出现相关的报警信息。后续的编程案例也会涉及报警程序的编写。

T 为定时器。该地址用于设定定时器(TMR)功能指令的时间。FANUC 0i Mate-D 系统定时器地址是 T0~T79。

C 为计数器。FANUC 0i Mate-D 系统计数器地址为 C0~C79,用于设定计数器(CTR)功能指令的计数值。

K 为保持型继电器。FANUC 0i Mate-D 系统 K 地址范围是 K0~K19,共 20 个字节,160 位。K0~K16 为一般通用地址,K17~K19 为 PMC 系统软件参数设定区域,由 PMC 系统使用。在数控系统运行过程中,若发生停电,输出继电器和内部继电器都是断开状态,当电源再次接通时,输出继电器和内部继电器不能自行恢复到断电前的状态。保持型继电器可以在掉电后保持其状态,用于需要保存停电前状态的情况。

D 为数据表地址。在 PMC 程序控制中,有时候需要读写一些数字数据(称为数据表),D 用来存放这些数据。这一区域的数据在系统断电时,存储器中的内容不会丢失。

PMC 各信号的地址范围见表 4-6。

表 4-6　PMC 各信号的地址范围

项　目	FANUC 0i-D PMC	FANUC 0i-D PMC/L FANUC 0i Mate-D PMC/L
编程语言	梯形图	
级数	3	3
第一执行周期	4/8ms	
基本指令处理速度	25ns/step	1μs/step
I/O Link 的最大信号点数	2048/2048	1024/1024
FANUC 0i-D	0	0B
FANUC 0i Mate-D	—	0
T 地址范围	T0~T499、T9000~T9499	T0~T79、T9000~T9079
C 地址范围	C0~C399、C5000~C5199	C0~C79、C5000~C5039
K 地址范围	K0~K99、K900~K999	K0~K19、K900~K999
D 地址范围	D0~D9999	D0~D2999
A 地址范围	A0~A249、A9000~A9249	A0~A249、A9000~A9249

二、PMC 的程序结构及执行过程

PMC 程序由一级程序、二级程序和若干个子程序组成,如图 4-7 所示。

PMC 程序的一级程序又称高级程序,每 8ms 执行一次,用于处理短脉冲信号(如急停、限位等)。二级程序的优先级低于一级程序。8ms 中的 1.25ms 用于执行 PMC 程序,剩余的时间由 CNC 使用。PMC 在 1.25ms 中扫描完一级程序后,用剩余时间扫描二级程序,如果二级程序在一个 8ms 内不能扫描完成,就会被分割成 n 段来执行。每个 8ms 执行中执行完一级程序的扫描后再顺序执行剩余的二级程序。一级程序的长短决定了二级程序的分隔数,同时也决定了整个程序的循环处理周期,因此一级程序的编制应尽量短一些,可以把一些需要快速响应的程序放在一级程序中。PMC 的程序执行过程如图 4-8 所示。

图 4-7 PMC 程序结构

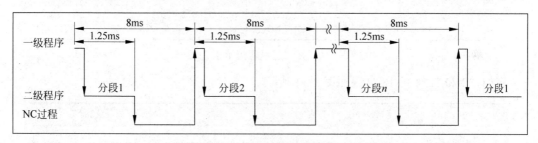

图 4-8 PMC 的程序执行过程

三、PMC 的数据形式

PMC 的数据形式分为二进制形式、BCD 码形式和位型三种。CNC 和 PMC 之间的接口信号为二进制形式。一般来说,PMC 数据也采用二进制形式。

1. 带符号的二进制形式(Binary)

带符号的二进制形式可进行 1 字节、2 字节、4 字节的二进制处理。带符号的二进制数据范围如表 4-7 所示。

表 4-7 带符号的二进制数据范围

数 据 长 度	数据范围(十进制换算)	备 注
1 字节	$-128 \sim +127$	
2 字节	$-32768 \sim +32767$	采用 2 的补码表示
4 字节	$-2147483648 \sim +2147483647$	

在顺序程序中,对于指令数据的长度和初始地址,在诊断界面(PMCDGN)确认 2 字节、4 字节的地址数据时,地址号大的为高位地址。由 R100 指定 4 字节长的数据时,地址和位的对应关系如图 4-9 所示。

	♯7	♯6	♯5	♯4	♯3	♯2	♯1	♯0
R100	2^7	2^6	2^5	2^4	2^3	2^2	2^1	2^0
R101	2^{15}	2^{14}	2^{13}	2^{12}	2^{11}	2^{10}	2^9	2^8
R102	2^{23}	2^{22}	2^{21}	2^{20}	2^{19}	2^{18}	2^{17}	2^{16}
R103	±	2^{30}	2^{29}	2^{28}	2^{27}	2^{26}	2^{25}	2^{24}

图 4-9　地址和位的对应关系

2. BCD 形式

在十进制数的二—十进制（Binary Coded Decimal，BCD）中，用 4 位的二进制码表示十进制的个位。可以处理 2 位或 4 位的十进制数，符号用其他信号进行处理，如图 4-10 所示。

	♯7	♯6	♯5	♯4	♯3	♯2	♯1	♯0
+0	10 位				个位			
	80	40	20	10	8	4	2	1
+1	1000 位				100 位			
	8000	4000	2000	1000	800	400	200	100

图 4-10　用二进制码表示十进制

例如，63 和 1234 的 BCD 码如图 4-11 所示。

十进制数		63	1234
BCD 码	+0	01100011	00110100
	+1	—	00010010

图 4-11　63 和 1234 的 BCD 码

BCD 码和二进制数的变换通过 DCNV、DCNVB 指令来进行。

3. 位数：Bit

处理 1 位信号和数据时，在地址之后指定小数点的位号，如图 4-12 所示。

地　址	♯7	♯6	♯5	♯4	♯3	♯2	♯1	♯0
××××			√					

图 4-12　处理 1 位信号和数据

例如，X0001.2（地址 X0001 的第二位）。可以以位为单位来读/写数据表的数据部分。

四、PMC 的功能指令

PMC 的功能（上）

1. 数控系统常用的标准功能指令

FANUC 0i-D 和 FANUC 0i MATE-D 数控系统常用的标准功能指令如表 4-8～表 4-15 所示。
（1）定时器/计数器功能指令如表 4-8 所示。

表 4-8 定时器/计数器功能指令

功 能 名		命 令 号	处 理 内 容
定时器	TMR	SUB3	延时定时器(上升沿触发)
	TMRB	SUB24	固定延时定时器(上升沿触发)
	TMRC	SUB54	延时定时器(上升沿触发)
	TMRBF	SUB77	固定延时定时器(下降沿触发)
计数器	CTR	SUB5	计数器
	CTRB	SUB56	追加计数器
	CTRC	SUB55	追加计数器

（2）数据传送功能指令如表 4-9 所示。

表 4-9 数据传送功能指令

功 能 名	命 令 号	处 理 内 容
MOVB	SUB43	1 字节数据传送
MOVW	SUB44	2 字节数据传送
MOVD	SUB47	4 字节数据传送
MOVN	SUB45	任意字节数据传送
MOVE	SUB8	逻辑乘后数据传送
MOVOR	SUB28	逻辑加后数据传送
XMOVB	SUB35	二进制变址修改数据传送
XMOV	SUB18	BCD 变址修改数据传送

（3）数值比较功能指令如表 4-10 所示。

表 4-10 数值比较功能指令

功 能 名	命 令 号	处 理 内 容
COMPB	SUB32	二进制数据比较
COMP	SUB15	BCD 数据比较
COIN	SUB16	BCD 一致性判断
EQB	SUB200	1 字节长二进制比较(＝)
EQW	SUB201	2 字节长二进制比较(＝)
EQD	SUB202	4 字节长二进制比较(＝)
NEB	SUB203	1 字节长二进制比较(≠)
NEW	SUB204	2 字节长二进制比较(≠)
NED	SUB205	4 字节长二进制比较(≠)
GTB	SUB206	1 字节长二进制比较(＞)
GTW	SUB207	2 字节长二进制比较(＞)
GTD	SUB208	4 字节长二进制比较(＞)
LTB	SUB209	1 字节长二进制比较(＜)
LTW	SUB210	2 字节长二进制比较(＜)

功　能　名	命　令　号	处　理　内　容
LTD	SUB211	4 字节长二进制比较（<）
GEB	SUB212	1 字节长二进制比较（≥）
GEW	SUB213	2 字节长二进制比较（≥）
GED	SUB214	4 字节长二进制比较（≥）
LEB	SUB215	1 字节长二进制比较（≤）
LEW	SUB216	2 字节长二进制比较（≤）
LED	SUB217	4 字节长二进制比较（≤）
RNGB	SUB218	1 字节长二进制比较（范围）
RNGW	SUB219	2 字节长二进制比较（范围）
RNGD	SUB220	4 字节长二进制比较（范围）

（4）数据处理功能指令如表 4-11 所示。

表 4-11　数据处理功能指令

功　能　名	命　令　号	处　理　内　容
DSCHB	SUB34	二进制数据检索
DSCH	SUB17	BCD 数据检索
DIFU	SUB57	上升沿输出
DIFD	SUB58	下降沿输出
EOR	SUB59	异或
AND	SUB60	逻辑乘
OR	SUB61	逻辑和
NOT	SUB62	逻辑非
PARI	SUB11	奇偶校验
SFT	SUB33	移位寄存器
COD	SUB7	BCD 码变换
CODB	SUB27	二进制码变换
DCNV	SUB14	数据转换
DCNVB	SUB31	扩展数据转换
DEC	SUB4	BCD 译码
DECB	SUB25	二进制译码

（5）演算命令功能指令如表 4-12 所示。

表 4-12　演算命令功能指令

功　能　名	命　令　号	处　理　内　容
ADDB	SUB36	二进制加法运算
SUBB	SUB37	二进制减法运算

功　能　名	命　令　号	处　理　内　容
MULB	SUB38	二进制乘法运算
DIVB	SUB39	二进制除法运算
ADD	SUB19	BCD 加法运算
SUB	SUB20	BCD 减法运算
MUL	SUB21	BCD 乘法运算
DIV	SUB22	BCD 除法运算
NUMEB	SUB40	二进制常数赋值
NUME	SUB23	BCD 常数赋值

（6）CNC 相关功能指令如表 4-13 所示。

表 4-13　CNC 相关功能指令

功　能　名	命　令　号	处　理　内　容
DISPB	SUB41	信息显示
EXIN	SUN42	外部数据输入
WINDR	SUB51	CNC 数据读取
WINDW	SUB52	CNC 数据写入
AXCTL	SUB53	PMC 轴控制指令
PSGNL	SUB50	位置信号
PSGN2	SUB63	位置信号

（7）程序控制功能指令如表 4-14 所示。

表 4-14　程序控制功能指令

功　能　名	命　令　号	处　理　内　容
COM	SUB9	公共线控制开始
COME	SUB29	公共线控制结束
JMP	SUB10	跳转
JMPE	SUB30	跳转结束
JMPB	SUB68	标号跳转 1
JMPC	SUB73	标号跳转 2
LBL	SUB69	标号
CALL	SUB65	有条件子程序调用
CALLU	SUB66	无条件子程序调用
CS	SUB74	选择调用开始
CM	SUB75	选择子程序调用
CE	SUB76	选择调用结束

续表

功　能　名	命　令　号	处　理　内　容
SP	SUB71	子程序开始
SPE	SUB72	子程序结束
END1	SUB1	第一级程序结束
END2	SUB2	第二级程序结束
END3	SUB48	第三级程序结束
END	SUB64	程序结束
NOP	SUB	无操作

（8）回转控制功能指令如表 4-15 所示。

表 4-15　回转控制功能指令

功　能　名	命　令　号	处　理　内　容
ROT	SUB6	BCD 回转控制
ROTB	SUB26	二进制回转控制

2. 典型功能指令描述

（1）结束指令 END。结束指令有第一级程序结束、第二级程序结束、程序结束三种，如图 4-13 所示。

PMC 的功能（下）

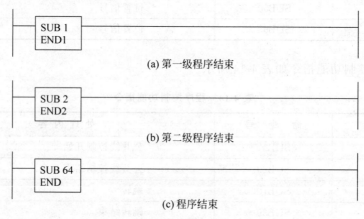

(a) 第一级程序结束

(b) 第二级程序结束

(c) 程序结束

图 4-13　结束指令

（2）定时器 TMR 包括以下两种定时器。

① TMR SUB 3 延时定时器（上升沿触发）的延时时间取决于定时器在设定界面设定的时间值和精度值。定时器设定时间的界面如图 4-14 所示。

② TMRB SUB 24 固定延时定时器（上升沿触发）的设定时间是固定的，在功能指令的参数中进行设定，如图 4-15 所示。

（3）计数器 CTR。CTR SUB5 计数器是进行加/减计数的环形计数器，用系统参数（二进制/BCD）进行设定。

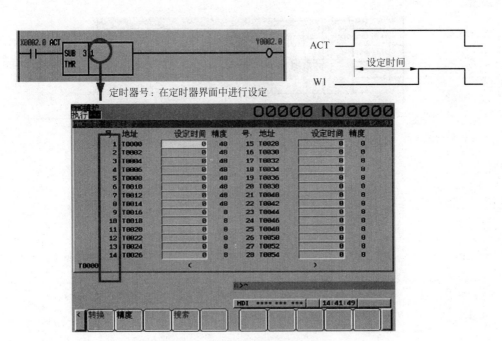

图 4-14　定时器设定时间的界面

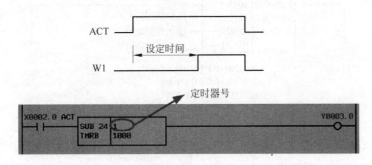

图 4-15　TMRB SUB 24 固定延时定时器

注：设定时间用 ms 单位的十进制数设定时间，最大为 262136。

- CN　0：从 0 开始计数。

　　　1：从 1 开始计数。

- UP/DOWN　0：加计数。

　　　　　　1：减计数。

- RST 1：将计数器复位。加计数根据设定复位为 0 或 1，减计数复位为预置值。

- ACT：取上升沿进行计数。

- W1：计数结束输出。加计数到最大值或减计数到最小值。

计数器设定界面如图 4-16 所示。

（4）数据传送 MOVE。MOVE SUB 8 是将输入数据地址指定的 1 字节的数据与比较数据进行逻辑乘（AND），然后将结果写入输出数据地址。可利用该指令的特性进行指定数据位的屏蔽、断开指定位的操作。MOVE SUB8 指令举例如图 4-17 所示。

（5）上升沿输出 DIFU 和下降沿输出 DIFD。

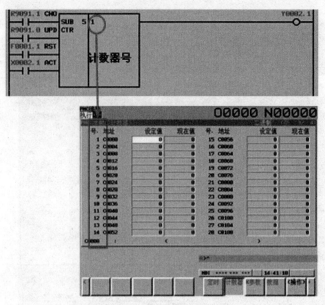

图 4-16　计数器设定界面

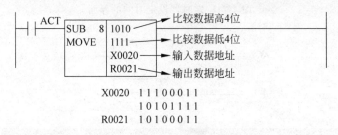

图 4-17　MOVE SUB8 指令举例

- DIFU SUB 57：上升沿输出。
- DIFD SUB 58：下降沿输出。

注：前沿检测号与后沿检测号不能重复，否则不能进行正确检测。

上升沿输出 DIFU 和下降沿输出 DIFD 的指令举例如图 4-18 所示。

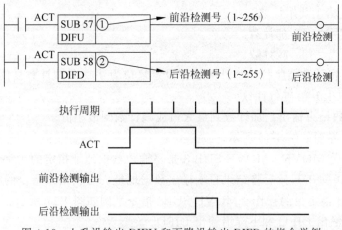

图 4-18　上升沿输出 DIFU 和下降沿输出 DIFD 的指令举例

(6) 二进制码变换 CODB。CODB SUB 27 执行二进制码变换。可在该命令的内置变换列表中设置参数,表号(0~255)用二进制数据指定。数据值写入变换数据输出地址,所用数据均为二进制码。

二进制码变换 CODB 指令举例如图 4-19 所示。

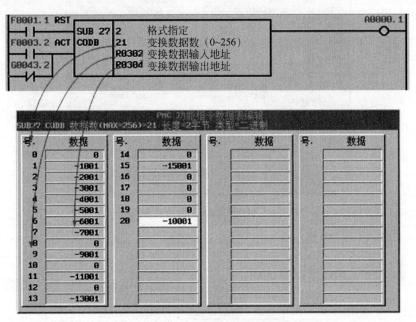

图 4-19 二进制码变换 CODB 指令举例

(7) 二进制常数赋值 NUMEB。NUMEB SUB 40 为二进制常数赋值,其指令举例如图 4-20 所示。

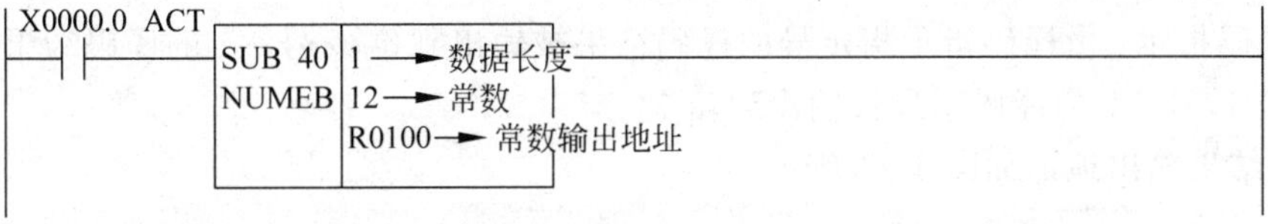

```
X0000.0 ACT
  ┤├──────SUB 40 │1 ───→ 数据长度
              NUMEB │12 ──→ 常数
                    │R0100 ──→ 常数输出地址
```

图 4-20 二进制常数赋值 NUMEB 指令举例

• 数据长度:指令二进制数据长度在 1、2、4 字节。
• 常数:用十进制指定常数。
• 常数输出地址:定义二进制常数赋值输出的首地址。

(8) 信息显示 DISPB。DISPB SUB 41 信息显示的例子如图 4-21 所示。

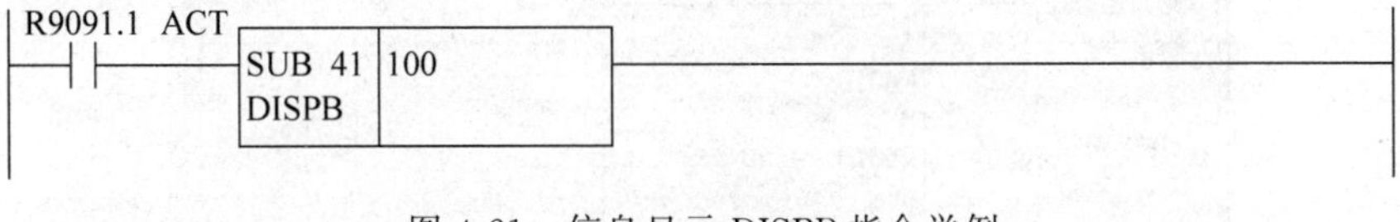

```
R9091.1 ACT
  ┤├──────SUB 41 │100
              DISPB │
```

图 4-21 信息显示 DISPB 指令举例

在 CNC 界面中,显示在 PMC 信息界面的文字信息如图 4-22 所示。

(9) 二进制译码 DECB。二进制译码 DECB 如图 4-23 所示。

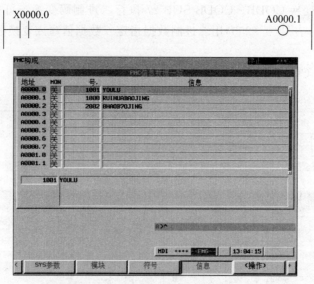

图 4-22　PMC 信息界面的文字信息

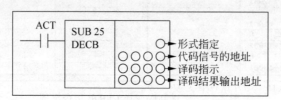

图 4-23　二进制译码

- 形式指定：代码数据的形式为"1：1 字节长；2：2 字节长；4：4 字节长"。
- 代码信号的地址：指定进行译码的数据的起始地址。
- 译码指示：由译码指示指定号的译码结果被输出到位 0，号＋1 的译码结果被输出到位 1，号＋7 的译码结果被输出到位 7。

译码结果输出地址如图 4-24 所示。

图 4-24　译码结果输出地址

应用举例如图 4-25 所示。

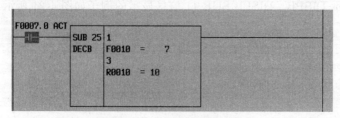

图 4-25　二进制译码应用举例

F007.0 接通后,对 F0010～F0013 的 4 字节进行译码,当译出结果在 3～10 的范围内时,与 R0010 对应的位变为"1"。

二进制译码 DECB 应用举例如图 4-26 所示。

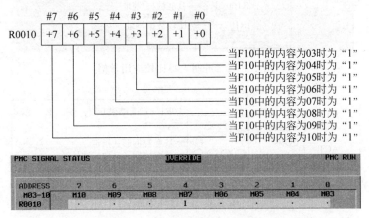

图 4-26　二进制译码 DECB 应用举例

根据 F10 字节存储的内容译码 R10,当 F10 字节存储的内容为 3 时,R10.0 这一位为 1;当 F10 字节存储的内容为 4 时,R10.1 这一位为 1;当 F10 字节存储的内容为 5 时,R10.2 这一位为 1;当 F10 字节存储的内容为 6 时,R10.3 这一位为 1;以此类推,当 F10 字节存储的内容为 10 时,R10.7 这一位为 1。每条译码 DECB 指令可以译码一个字节,八个位的内容。

(10) 二进制大小比较 COMPB。对 1、2、4 字节的二进制形式数据进行比较,比较结果输出到运算输出寄存器(R9000)上,如图 4-27 所示。

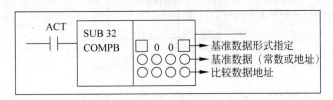

图 4-27　二进制形式比较数据

基准数据指定如图 4-28 所示。

比较输出寄存器如图 4-29 所示。

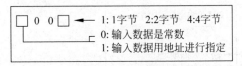

图 4-28　基准数据指定

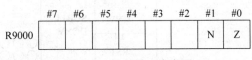

图 4-29　比较输出寄存器

其中,Z 代表基准数据＝比较数据;N 代表基准数据＜比较数据。

二进制大小比较应用举例如图 4-30 所示。

X0005.0 接通时,对 R100、R101 和 R102、R103 的 2 字节的值进行比较。值一致时,R9000.0＝1;R100、R101 比 R102、R103 较小时,R9000.1＝1。

(11) 一致性判断 COIN。比较 BCD 形式的数据,判断是否相同,如图 4-31 所示。

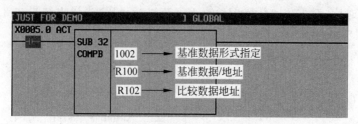

图 4-30   二进制大小比较应用举例

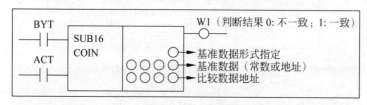

图 4-31   一致性判断

- BYT＝0：比较 BCD 码 2 位；BYT＝1：比较 BCD 码 4 位。
- W1＝0：基准数据≠比较数据；W1＝1：基准数据＝比较数据。
- 基准数据形式指定：0 表示基准数据为常数；1 表示基准数据为指定地址。

一致性判断应用举例如图 4-32 所示。

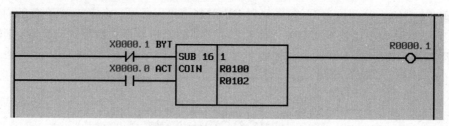

图 4-32   一致性判断应用举例

X000.0 接通时，比较 R100 和 R102 的值，R100＝R102 时，R000.1 即接通。

（12）数据变换 DCNV。把 1 或 2 字节的数据从二进制码变换成 BCD 码，或从 BCD 码变换成二进制码，如图 4-33 所示。

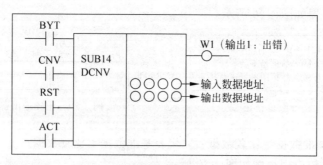

图 4-33   数据变换

- BYT＝0：变换 1 字节的数据；BYT ＝1：变换 2 字节的数据。
- CNV＝0：从二进制代码变换成 BCD 码；CNV＝1：从 BCD 码变换成二进制码。

- RST＝1：把出错输出 W1 复位。
- ACT＝1：执行数据变换命令。
- W1＝1：输入数据地址应为存储 BCD 码地址，如果已是二进制码，或从二进制码变换成 BCD 码时超过指定字节长，则出错报警。

数据变换应用举例如图 4-34 所示（注：R9091.0＝0，R9091.1＝1 为固定值）。

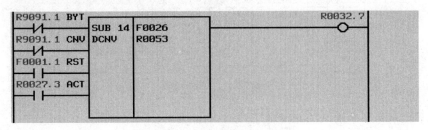

图 4-34   数据变换应用举例

当 R27.3 有效时，执行数据变换命令，将 F26 中的数据由二进制形式变换为 BCD 码保存在 R53 存储单元中。

（13）二进制加 ADDB。进行 1、2、4 字节长的二进制形式的加法运算，如图 4-35 所示。

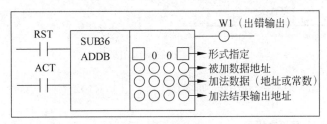

图 4-35   二进制加

- RST＝1：断开出错输出 W1。
- ACT＝1：执行 ADDB 命令。
- W1＝1：加法结果超出形式指定的字节数时即接通。

二进制加形式指定如图 4-36 所示。

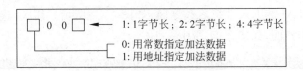

图 4-36   二进制加形式指定

二进制加应用举例如图 4-37 所示。

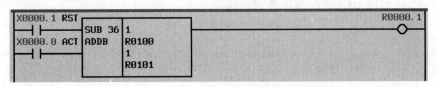

图 4-37   二进制加应用举例

由 R100 加上 1,结果写入 R101 中。

（14）二进制减 SUBB。进行 1、2、4 字节长的二进制形式的减法运算,如图 4-38 所示。

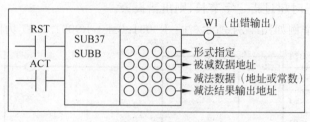

图 4-38　二进制减

提示：控制参数参看 ADDB 命令。

二进制减应用举例如图 4-39 所示。

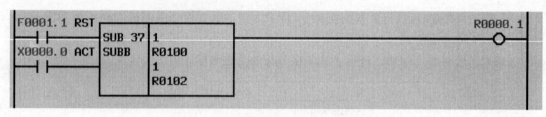

图 4-39　二进制减应用举例

由 R100 减去 1,结果写入 R102。如 R100 为 $\boxed{5}$ 时,R102 为 $\boxed{4}$。

五、PMC 界面的操作

FANUC PMC
界面的操作

在 FANUC 数控系统中可以查看 PMC 屏幕界面。通过操作 PMC 屏幕界面,可以对梯形图进行监控和编辑、查看各地址的状态、信号跟踪、参数设定等操作。

1. 进入 PMC 各界面的操作

首先,按 SYSTEM 键进入系统参数界面,如图 4-40 所示；其次,连续按向右扩展菜单三次进入 PMC 操作界面,如图 4-41 所示。

| 参数 | 诊断 | | 系统 | （操作） | ＋ |

图 4-40　系统参数界面

| PMCMNT | PMCLAD | PMCCNF | PM. MGR | （操作） | ＋ |

图 4-41　PMC 操作界面

2. PMC 维护（PMCMNT）操作界面介绍

按 PMCMNT 键进入 PMC 维护界面,如图 4-42 所示。

PMC 诊断与维护界面可以进行监控 PMC 的信号状态、确认 PMC 的报警、设定和显示可变定时器、显示和设定计数器值、设定和显示保持继电器、设定和显示数据表、输入/输出数据、显示 I/O Link 连接状态、信号跟踪等操作。

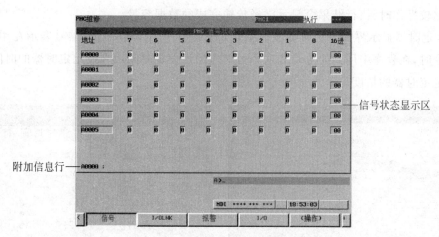

图 4-42　PMC 维护界面

（1）监控 PMC 信号状态界面。图 4-42 为 PMC 信号监控界面，信息状态显示区显示程序中指定的地址内容。地址的内容以位模式 0 或 1 显示，最右边每个字节以十六进制或十进制数字显示。在界面下部的附加信息行中，显示光标所在地址的符号和注释。光标对准在字节单位上时，显示字节符号和注释。在本界面中按操作软键，输入希望显示的地址后，按搜索软键，可以查看该地址的信号状态。要改变信号状态时，按下强制软键，进入强制开/关界面，可以对信号的状态进行强制改变。进行信号强制改变时一定要在清楚 I/O 地址的含义基础上操作，以免发生强制信号事故。

（2）I/O Link 连接状态界面。I/O Link 显示界面按照组的顺序显示 I/O Link 上所连接的 I/O 单元种类和 ID 代码。按前通道软键显示上一个通道的连接状态，按次通道软键显示下一个通道的连接状态。I/O Link 显示界面如图 4-43 所示。

（3）PMC 报警界面。报警显示区显示在 PMC 中发生的报警信息。当报警信息较多时会显示多页，这时需要用翻页键翻到下一页。PMC 报警界面如图 4-44 所示。

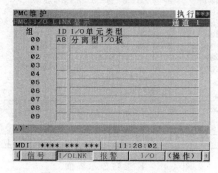

图 4-43　I/O Link 显示界面

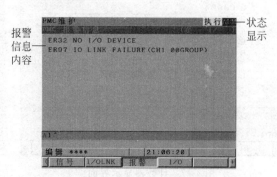

图 4-44　PMC 报警界面

（4）输入/输出数据界面。输入/输出数据界面如图 4-45 所示，通过这个界面可以与存储卡进行数据的输入/输出。输入/输出的设备有存储卡（CF 卡）、U 盘等。在该操作之前需设置 I/O 通道，可以通过参数 0020 设置 I/O 通道。0020 参数设为 17，通道为 USB 存储器，设为 4 为 CF 卡。输入/输出界面还显示执行内容的细节和执行状态。此外，在执行写、读取和比较操作时,执行结果会显示已经传输完成的数据容量。

　　(5)定时器显示界面。定时器显示界面如图 4-46 所示,其中定时器号表示在用定时器功能指令时,在程序中用到的号是和这个号对应的。设定时间用来设定定时器的时间,精度是指设定定时器的精度。

图 4-45　输入/输出数据界面

图 4-46　定时器显示界面

　　(6)计数器显示界面。计数器显示界面如图 4-47 所示,其中计数器号表示在用计数器功能指令时,在程序中用到的号是和这个号对应的。设定值是计数器的最大值,现在值是计数器的现在值。

　　(7)K 参数显示界面。K 参数显示界面如图 4-48 所示。K 参数地址表示由顺序程序参照的地址,0~7 表示 K 参数每一位的内容,16 进表示以十六进制显示的内容。

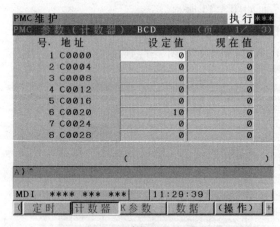

图 4-47　计数器显示界面

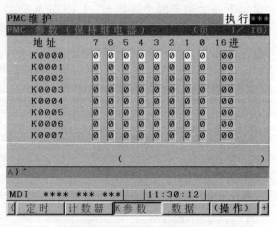

图 4-48　K 参数显示界面

　　(8)D 参数显示界面。D 参数显示界面如图 4-49 所示。组数表示数据表的数据数,号为组号,地址表示数据表的开头地址,参数是数据表的控制参数内容,型是数据长度,数据表示数据表的数据数。

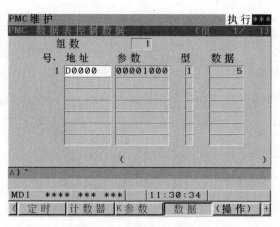

图 4-49 D 参数显示界面

3. PMC 状态与编辑（PMCLAD）操作界面介绍

在梯形图状态与编辑（PMCLAD）界面可以进行梯形图的编辑与监控以及梯形图双线圈的检查等操作。在 PMC 操作界面上按 PMCLAD 键，进入 PMC 梯形图状态界面。

（1）列表界面。列表界面如图 4-50 所示，该界面显示梯形图的结构等内容。在 PMC 程序一览表中，带有"锁"标记的为不可以查看也不可以修改的内容；带有"放大镜"标记的为可以查看，但不可以编辑的内容；带有"铅笔"标记的表示可以查看，也可以修改的内容。

（2）梯形图界面。梯形图界面如图 4-51 所示。在列表界面的 SP 区选择梯形图文件后，进入梯形图界面就可以显示梯形图的监控界面，在这个图中可以观察梯形图各状态的情况。

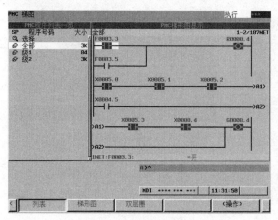

图 4-50 列表界面

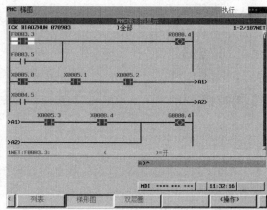

图 4-51 梯形图界面

（3）双线圈界面。双线圈界面如图 4-52 所示。在双线圈界面可以检查梯形图中是否有双线圈输出的梯形图，最右边的"操作"软键表示该菜单下的操作项目。

4. PMC 配置（PMCCNF）操作界面介绍

梯形图配置（PMCCNF）界面可以分为标头、设定、PMC 状态、SYS 参数、模块、符号、信息、在线和操作软键。在图 4-37 PMC 操作界面上按 PMCCNF 键，进入 PMC 梯形图配置界面。

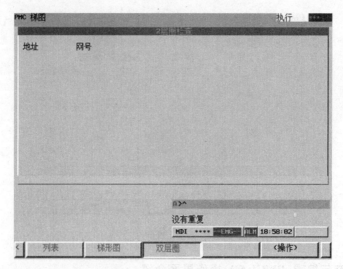

图 4-52　双线圈界面

（1）标头界面。标头界面显示的 PMC 程序信息如图 4-53 所示。

（2）设定界面。设定界面显示的 PMC 程序设定内容如图 4-54 所示。

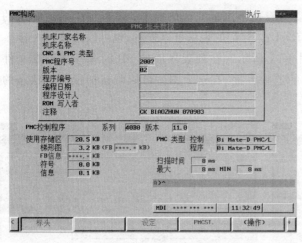

图 4-53　标头界面

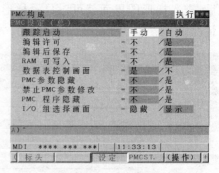

图 4-54　设定界面

（3）PMC 状态界面。PMC 状态界面如图 4-55 所示。PMC 状态显示 PMC 的状态信息或者是多路径 PMC 的切换。如果 PMC 处于停止状态，可以通过该界面，按下操作按键，再按启动按键，使 PMC 恢复正常运行状态。

（4）模块界面。I/O Link 模块界面主要用来显示和编辑 I/O 模块的地址表等，如图 4-56 所示。

（5）符号界面。符号界面如图 4-57 所示，主要用来显示和编辑 PMC 程序中用到的符号地址与注释等。

（6）信息界面。信息界面如图 4-58 所示，用来显示和编辑报警信息。

（7）在线界面。在线界面如图 4-59 所示，用于在线监控的参数设定。

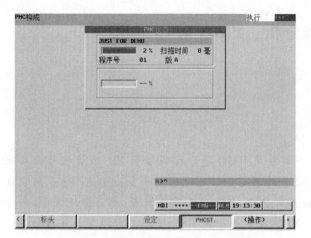

图 4-55 PMC 状态界面

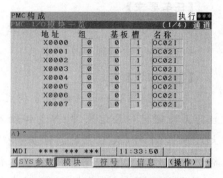

图 4-56 I/O Link 模块界面

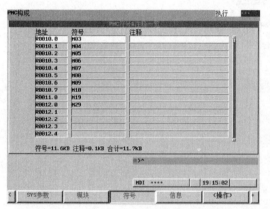

图 4-57 符号界面

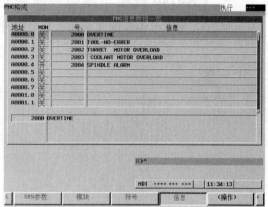

图 4-58 信息界面

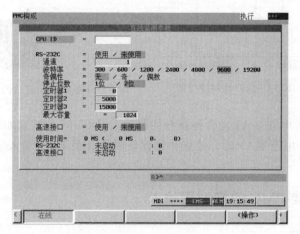

图 4-59 在线界面

任务三　案例分析：PMC 应用举例

【任务要求】

1. 掌握 PMC 梯形图的输入方法。
2. 掌握急停控制原理。

【相关知识】

急停控制回路一般由两部分构成，一部分是 PMC 急停控制信号 X8.4，该信号输入地址为系统固定信号地址，外部急停输入信号必须接到该地址的端子上；另一部分是伺服放大器 βiSVM 的 CX30 上的急停端子。这两部分中，任意一个触点断开，都会出现报警，急停端子断开出现 SV401 报警，急停输入信号 X8.4 断开出现 ESP 报警。当按下急停按钮 SB0 时，中间继电器 KA1 失电，KA1 动合触点断开，输入信号 X8.4 为 0，出现 ESP 报警。

一、CK6140 数控车床急停硬件的接线

CK6140 数控车床实训装置的急停控制接线如图 4-60 所示。

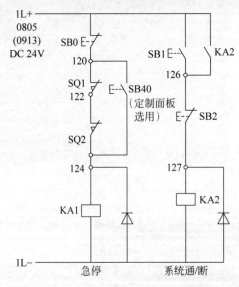

图 4-60　CK6140 急停控制接线图

机床急停和硬限位的 PMC 编程实现

急停控制中间继电器 KA1 动合触点与伺服放大器 SVM 的接线如图 4-61 所示。

急停控制中间继电器 KA1 动合触点和超程硬限位开关 PMC 输入信号的接线如图 4-62 所示。

二、急停功能 PMC 的梯形图输入

1. 梯形图的显示

按功能键 SYSTEM，再按多次扩展菜单"＋"对应的软键，显示如图 4-63 所示的参数设定界面。

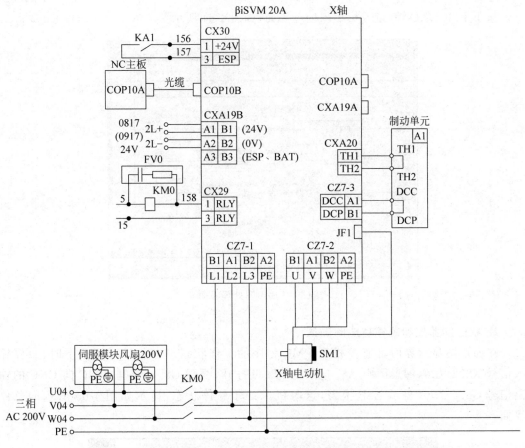

图 4-61　急停控制中间继电器 KA1 动合触点与伺服放大器 SVM 的接线图

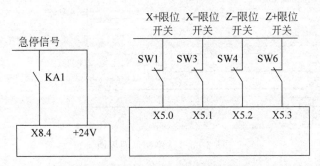

图 4-62　急停控制中间继电器 KA1 动合触点和超程硬限位开关 PMC 输入信号的接线图

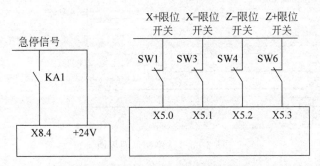

图 4-63　参数设定界面

按下 PMCLAD 键,进入梯形图处理界面,如图 4-64 所示。

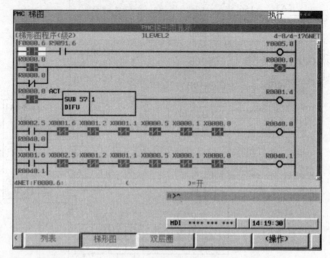

图 4-64　梯形图处理界面

2. 状态的监控和急停功能的确认

在梯形图显示界面可监控机床 PMC 程序的工作状态。当急停按钮按下时,急停输入信号 X8.4 为 0,梯形图中 X8.4 的常开触点打开,线圈 G8.4 失电,PMC 向 CNC 的输出信号 G8.4 为 0,显示 ESP 报警,这时机床处于急停状态,显示如图 4-65 所示的急停界面。

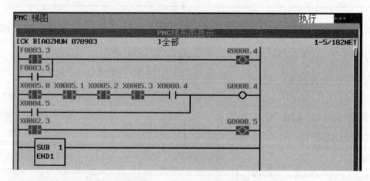

图 4-65　急停梯形图界面

急停按钮 SB0 恢复闭合时,中间继电器 KA1 得电吸合,急停输入信号 X8.4 为 1,梯形图中 X8.4 的常开触点闭合,线圈 G8.4 得电,G8.4 为 1,ESP 报警解除,显示如图 4-66 所示的急停报警解除界面。

3. 急停功能相关程序的优化

在以上程序中不管是按下急停按钮还是 X 轴、Z 轴的超程,都会引发 ESP 报警,导致机床停止动作。如果想要把超程报警信息 ALM506/507 屏蔽起来,可以通过将参数 No. 3004 ♯5 设为 1 来实现。FANUC 系统规定 G114 和 G116 信号控制 ALM506/507 报警信息,如图 4-67 所示。

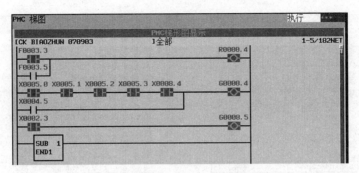

图 4-66　急停报警解除后的梯形图界面

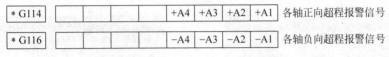

图 4-67　G114 和 G116 信号含义

将参数 No.3004♯5 设为 0,各轴的超程信号检测就会有效,如果机床行程超过参数 1320 和参数 1321 设定的行程范围就会出现 ALM506/507 报警。当参数 No.1320＜No.1321 时,也会忽略 ALM506/507 报警。

那么,如果想超程分别报警可以首先将参数 No.3004♯5 设为 0,并在原来程序的基础上添加 4 句超程相关程序。急停功能优化后的程序如图 4-68 所示。

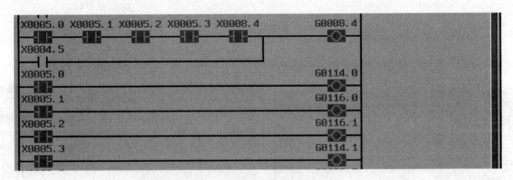

图 4-68　急停功能优化后的程序

4. 急停程序的编辑

在了解了梯形图的编辑方法,将现有程序的梯形图删除,验证急停功能失效后,才可以重新输入急停梯形图,并验证急停功能有效。系统在默认状态下,不允许使用梯形图编辑功能,需在"PMC 设定"界面中开通 PMC 编辑功能后,才可以对梯形图进行编辑。

首先看"诊断"界面,如图 4-69 所示。

在"诊断"界面中按下 PMCCNF,进入 PMC 设定菜单,如图 4-70 所示。

按"设定"键,再按"操作"键,显示如图 4-71 所示的界面。

按"下页"键,显示如图 4-72 所示的界面。

移动光标,选择图 4-71 和图 4-72 所示的选项,PMC 编辑功能打开。

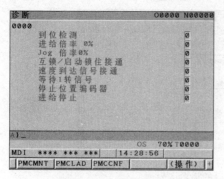

图 4-69　"诊断"界面

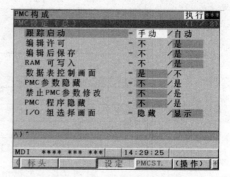

图 4-70　设定菜单(1)

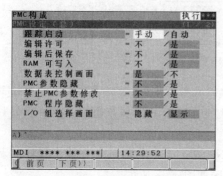

图 4-71　设定菜单(2)

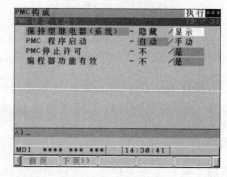

图 4-72　设定菜单(3)

进入 PMC 编辑界面,如图 4-73 所示。

按"操作"键和"缩放"键,显示如图 4-74 所示的界面。

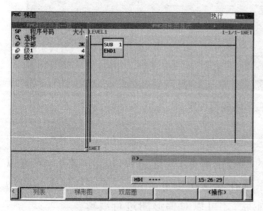

图 4-73　PMC 编辑界面

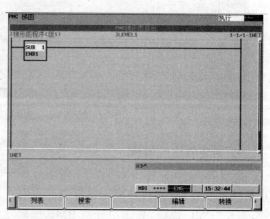

图 4-74　PMC 编辑操作(1)

按"编辑"键和"产生"键,显示如图 4-75 所示的界面。

编写 X 轴、Z 轴硬限位超程处理程序,可以在编辑设定菜单中设定梯形图为标准宽度,防止一行输入程序空间不够。程序输入完后,显示如图 4-76 所示的界面。

按"结束"键结束程序编辑,继续按"结束"键,显示如图 4-77 所示的界面。

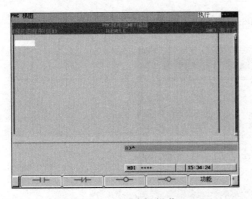
图 4-75　PMC 编辑操作(2)

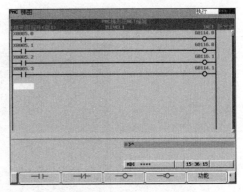
图 4-76　PMC 编辑操作(3)

系统提示是否需要停止 PMC 程序并进行修改,选择"是",修改程序。系统提示是否需要将修改后的程序写入 Flash ROM 中,显示如图 4-78 所示的界面,选择"是",将修改后的程序写入 Flash ROM。

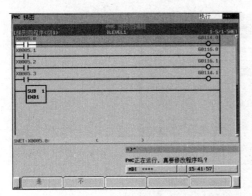
图 4-77　PMC 编辑操作(4)

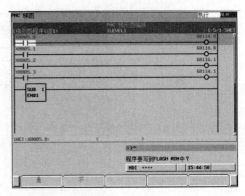
图 4-78　系统提示

重新运行 PMC 程序,显示如图 4-79 所示界面。此时,由于程序中没有给 G8.4 赋值,G8.4 一直为 0,无论急停开关处于何种状态,系统一直处于急停状态。

重新进入 PMC 编辑界面,将光标移到 END1 程序段中,显示如图 4-80 所示的界面。

图 4-79　重新运行 PMC 程序

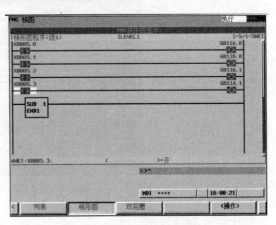
图 4-80　重启后 PMC 编辑界面

按"操作""编辑"键,再按"缩放"键,显示如图 4-81 所示的界面。

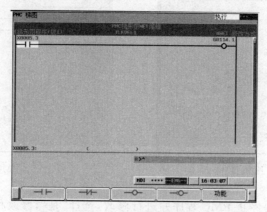

图 4-81　重启后操作

输入 G8.4 急停程序段,显示如图 4-82 所示的界面。

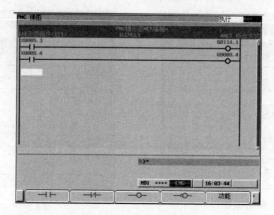

图 4-82　输入急停程序段

将修改后的 PMC 程序保存到 Flash ROM,显示如图 4-83 所示的界面。

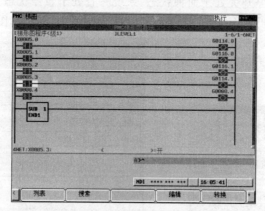

图 4-83　保存修改后的程序

程序如图 4-84 所示。

重新启动 CNC 系统,修改后的 PMC 程序生效,急停开关的功能生效。

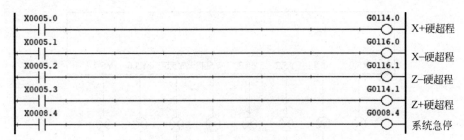

图 4-84 修改后的 PMC 程序

项 目 训 练

一、训练目的

(1)掌握 PMC 程序的监控与编辑方法。

(2)掌握常用 PMC 信号的地址与顺序程序。

(3)掌握常用 PMC 功能指令的使用。

二、训练项目

掌握 PMC 定时器和计数器的使用。

控制要求如下。

(1)在 CK6140 数控车床模拟实训装置上,按下启动按钮 SB11(X4.1),指示灯 HL12(Y5.2)以 1Hz 的频率连续闪 10 次后熄灭。画出 PMC 外部接线图及编写 PMC 程序。在数控装置上输入 PMC 程序,并模拟运行。

CK6140 数控车床实训装置的外部输入/输出信号接线如图 4-85 所示。

定时器、计数器应用和 PMC 报警编写

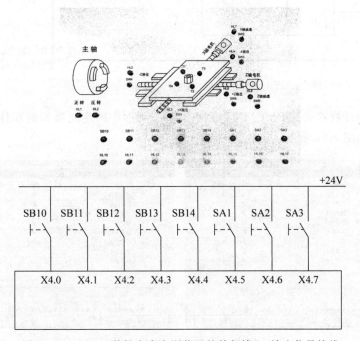

图 4-85 CK6140 数控车床实训装置的外部输入/输出信号接线

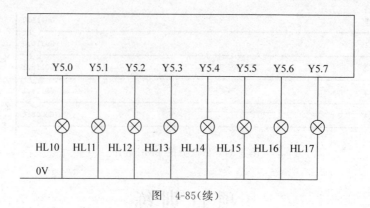

图 4-85(续)

PMC 程序如图 4-86 所示。

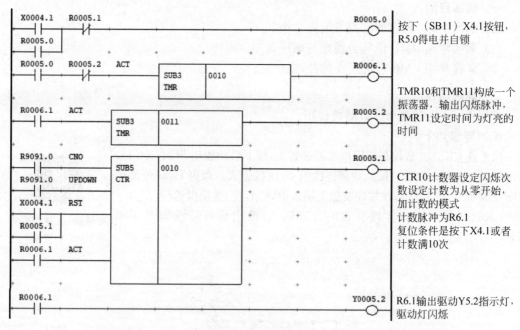

图 4-86 PMC 程序(1)

其中,定时器和计数器通过 PMCMNT(PMC 维护)界面中的定时器界面和计数器界面设置时间和次数,如图 4-87 所示。

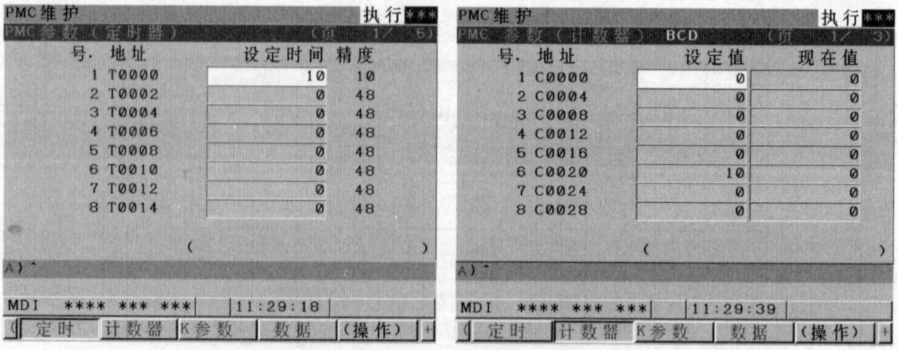

图 4-87 设置定时器和计数器

(2) 在 CK6140 数控车床模拟实训装置上,按下 SB11(X4.1)按钮,灯 HL12(Y5.2)打开(亮),按下 SB12(X4.2)按钮,灯 HL12(Y5.2)关闭(灭)。画出 PMC 外部接线图及编写 PMC 程序。在数控装置上输入 PMC 程序,并模拟运行。

PMC 程序如图 4-88 所示。

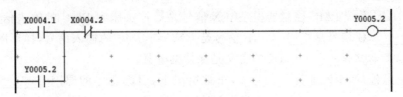

图 4-88　PMC 程序(2)

(3) 在 CK6140 数控车床模拟实训装置上,按下 SB11(X4.1)按钮,灯 HL12(Y5.2)打开(亮),并发出一个报警信息 EX1990 "MC LOCK"。按下 SB12(X4.2)按钮,灯 HL12(Y5.2)关闭(灭),并关闭 EX1990 报警。

打开 PMCCNF(PMC 配置)报警信息界面,如图 4-89 所示,编辑报警信息 A10.0。

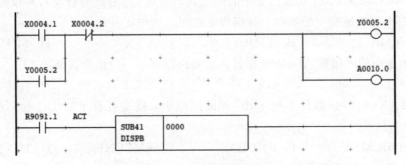

图 4-89　报警信息界面

操作步骤为 PMC 配置→信息→A10.0→编辑→缩放→编辑报警信息→退出编辑。

PMC 程序如图 4-90 所示。

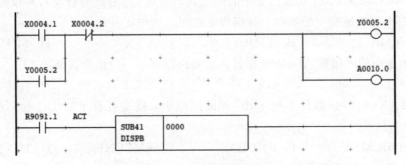

图 4-90　PMC 程序(3)

练 习 题

一、填空题

1. FANUC 系统 PMC 控制器程序中 X 信号是数控机床到 PMC 的输入信号，Y 信号是_____，G 信号是_____，F 信号是 CNC 到 PMC 的输入信号，梯形图中的 R 代表_____，T 含义是_____，K 的含义是保持继电器。

2. 系统急停的 G 地址为_____，正常情况下，引起急停的原因有_____和硬超程等。

3. 在 PMC 程序执行时第一级程序每隔_____ms 执行一次。

4. 数控系统执行程序时，PMC 程序占用 8ms 执行周期中的_____，剩余的时间用于 CNC 执行程序。

5. 在 PMC 程序中第一级程序应该编得尽可能_____，仅处理短脉冲信号。

二、判断题

1. 对于数控机床来说，顺序控制程序就是用来对机床进行顺序控制的程序，通常用梯形图语言的形式编写。（　　）

2. PMC 程序由一级程序、二级程序和若干个子程序组成。一级程序一般比较短，存放急停、硬超程等需要快速响应的程序。（　　）

3. 在 PMC 操作界面上按下 PMCLAD 键，进入 PMC 梯形图状态与编辑界面。梯形图状态与编辑（PMCLAD）界面可以进行梯形图的编辑与监控以及显示和编辑报警信息等内容。（　　）

4. FANUC 系统 PMC 中所有输入地址都可以由机床的生产厂家任意设定。（　　）

5. 在编程中可以用 R9091.0 或者 R9091.1 作为功能指令模式选择的条件。R9091.0 是一直接通为 1 的中间继电器。（　　）

三、选择题

1. （　　）信号是来自机床侧的输入信号，如限位开关、操作按钮等，PMC 接收机床侧各装置输入的信号，在控制程序中进行逻辑运算，作为机床动作的条件。

　　A. X　　　　　　　　B. Y　　　　　　　　C. F　　　　　　　　D. G

2. FANUC 系统 PMC 功能指令中的固定延时定时器（上升沿触发），其设定时间是固定的延时时间，在功能指令的参数中直接指定时间。这种定时器的符号是（　　）。

　　A. TMR　　　　　　B. TMRB　　　　　　C. CTR　　　　　　D. MOVE

3. X 轴正向的硬超程 ALM506 报警信息是由以下（　　）信号控制的。

　　A. G114.0　　　　　B. G8.4　　　　　　C. G7.2　　　　　　D. G116.0

4. 在 FANUC 0i-D 数控系统 PMC 界面操作中，提交查看 FANUC 梯形图，应按下（　　）对应的软键。

　　A. PMCMNT　　　　B. PMCLAD　　　　C. PMCCNF　　　　D. I/O Link

5. FANUC 0i-D 数控系统信号中，G 是来自（　　）。

　　A. 主轴编码器反馈信号　　　　　　　　B. 机床侧的输入信号

C. PMC 侧输出到数控系统的信号　　　D. 数控系统侧输入到 PMC 的信号

四、操作题

1. 在 CK6140 数控车床模拟实训装置上，按下启动按钮 SB11，指示灯 HL12 连续闪 10 次，然后熄灭。

2. FANUC 系统 PMC 编程实现，按下 SB6(X10.4)按钮，灯 HL2(Y0.1)打开(亮)，10s 后自动熄灭。

3. FANUC 系统 PMC 编程实现，按下 SB11(X4.1)按钮，灯 HL12(Y5.2)打开(亮)，并发出一个报警信息 EX1990 "MC LOCK"。

项目五

数控机床的方式选择

任务一　方式选择地址分配

【任务要求】

1. 掌握数控机床的操作方式。
2. 掌握有关方式选择的 CNC 和 PMC 之间的信号。

【相关知识】

操作数控机床加工零件,需首先将零件的加工程序输入到 CNC 存储器内,再根据需要进行编辑、修改,然后准备刀具,通过手动进给及转动手摇脉冲发生器自动测出刀具参数。开机后,首先要找到机床的坐标系,然后自动运行存储器的加工程序,最后加工出合格的零件。

一、数控机床操作方式介绍

通常,数控机床有以下几种操作方式。

(1) 程序编辑方式:进行加工程序的编辑、修改,CNC 参数等数据的输入/输出。

(2) 自动方式:执行存储于存储器中的加工程序。

(3) MDI 方式:用 MDI 面板输入加工程序段,并直接运行该程序,运行结束后,输入的加工程序即被清除。

(4) 手动连续进给方式:按手动进给按键时,进给轴按指定的方向移动。

(5) 手轮进给方式:选择好进给轴后,转动手摇脉冲发生器使轴移动。

(6) 回参考点方式:用手动操作,让每个进给轴回到机床确定的基准点。

(7) 远程运行方式:在该方式下,可以一边从 RS-232C 接口或 CF 卡接口中读取加工程序,一边进行机械加工。

二、数控机床方式选择的地址

方式选择信号由 MD1、MD2、MD4、DNC、ZRN 编码信号组合而成,可以实现程序编辑(EDIT)、自动运行(MEM)、手动数据输入(MDI)、手轮进给(HND)、手动连续进给(JOG)、远程运行(RMT)、手动返回参考点(REF)等操作。

1. PMC 输出到 CNC 的信号

操作方式的切换,通过 CNC 输入信号地址 G43 中 MD1、MD2、MD4、DNC、ZRN 各位的状态变换来实现。CNC 输入信号 G43 的字节内容如图 5-1 所示。

#7(G43.7)	#6	#5(G43.5)	#4	#3	#2(G43.2)	#1(G43.1)	#0(G43.0)
ZRN		DNC			MD4	MD2	MD1
返参考点		DNC			方式切换信号		

图 5-1　CNC 输入信号 G43 的字节内容

方式选择 CNC G43 输入信号见表 5-1。

表 5-1　方式选择 G43 输入信号

运行方式	状态显示	ZRN(G43.7)	DNCI(G43.5)	MD4(G43.2)	MD2(G43.1)	MD1(G43.0)
程序编辑	EDIT	0	0	0	1	1
存储器运行	MEM	0	0	0	0	1
远程运行	RMT		1			
手动数据输入	MDI	0	0	0	0	0
手轮进给	HND	0	0	1	0	0
手动连续进给	JOG	0	0	1	0	1
手动返回参考点	REF	1				

2. PMC 来自 CNC 的输入信号

当 CNC 选择了某种操作方式时,CNC 向 PMC 输入方式选择确认信号。MEDT 为编辑方式、MMEM 为自动方式、MRMT 为远程方式、MMDI 为手动数据输入方式、MJ 为手动连续进给方式、MH 为手轮方式、MINC 为增量方式、MREF 为手动回参考点方式。方式选择确认的信号地址如图 5-2 所示。

	#7	#6	#5	#4	#3	#2	#1	#0
F0003		MEDT (编辑)	MMEM (自动)	MRMT (DNC)	MMDI (MDI)	MJ (JOG)	MH (手轮)	MINC (增量)
F0004			MREF (返参)					

图 5-2　方式选择确认的信号地址

三、数控机床方式选择的硬件结构

数控机床常见的硬件结构可以分为按键切换与波段开关方式(旋钮式)两种。按键切换的控制硬件如图 5-3 所示,波段开关方式(旋钮式)的控制硬件如图 5-4 所示。

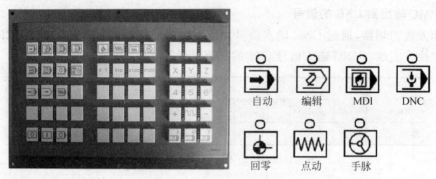

图 5-3　按键切换的控制硬件

图 5-4　波段开关方式（旋钮式）的控制硬件

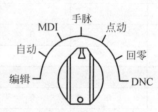

方式选择地址分配

任务二　案例分析：方式选择 PMC 编程

【任务要求】

1. 掌握常用方式选择 PMC 程序。
2. 掌握方式选择 PMC 信号。

【相关知识】

数控机床常见的硬件结构操作方式选择可以分为按键式切换和旋转式波段开关切换方式两种。操作方式选择开关安装在机床操作面板上。机床操作面板分为标准式 FANUC 操作面板及用户根据机床的实际功能开发的操作面板。

一、机床与 PMC 之间的信号

在 CK6140 数控车床实训装置中，机床操作面板采用国产三森公司生产的 CNC-0iMA 面板，操作方式采用按键式切换方式。CNC-0iMA 面板的正面如图 5-5 所示。

操作方式由 7 个按键组成，分别为编辑、MDI、自动、手动、X 轴手轮、Z 轴手轮及返参考点键。这些按键所对应的机床向 PMC 的输入信号为编辑（X2.5）、MDI（X1.6）、自动（X1.2）、手动（X1.1）、X 轴手轮（X0.5）、Z 轴手轮（X0.0）、返回参考点（X0.1）；PMC 向机床输出的信号为编辑（Y1.6）、MDI（Y1.4）、自动（Y1.2）、手动（Y0.6）、X 轴手轮（Y0.2）、

图 5-5 CNC-0iMA 面板的正面

Z 轴手轮(Y7.0)及返回参考点(Y0.5)。在每个按键的左上方都有一个指示灯,当指示灯亮时,指示当前 CNC 工作在该方式下。

操作面板的输入/输出信号接线如图 5-6 所示。

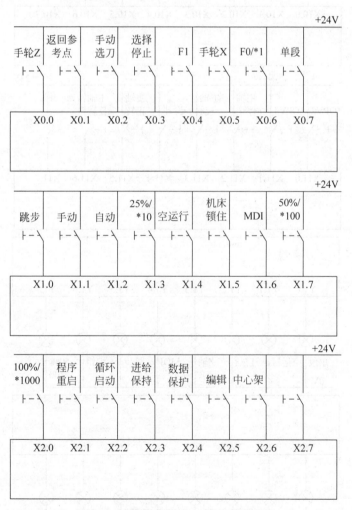

图 5-6 操作面板的输入/输出信号接线

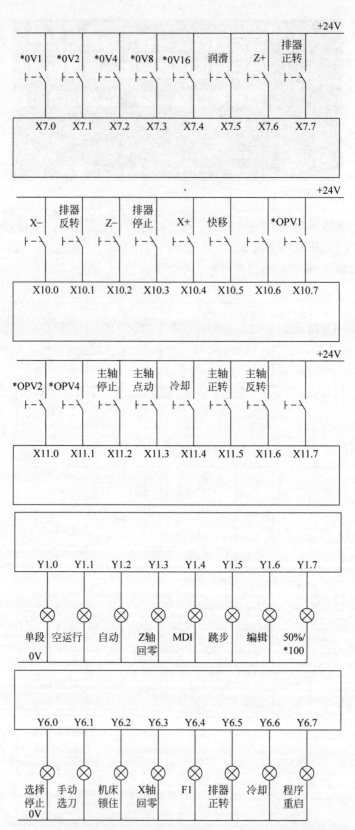

图 5-6(续)

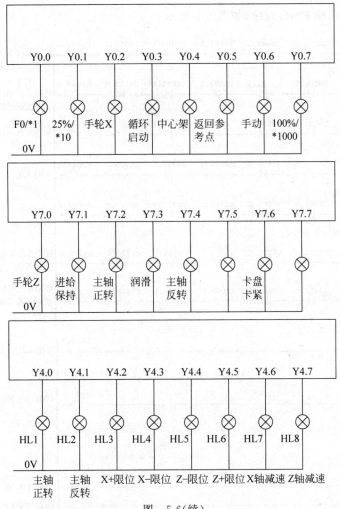

图 5-6(续)

二、方式选择 PMC 程序

分析工作方式选择信号的真值表,可以得到 G43.0、G43.1、G43.2、G43.7 的逻辑关系,如图 5-7 所示。

运行方式	状态显示	中间继电器R	G43.7 ZRN	G43.2 MD4	G43.1 MD2	G43.0 MD1
程序编辑	EDIT	R40.0	0	0	1	1
存储器运行 (自动)	MEM	R40.2	0	0	0	1
手动数据输入	MDI	R40.1	0	0	0	0
手轮进给	HND	R40.7	0	1	0	0
手动连续进给	JOG	R10.3	0	1	0	1
手动返回参考点	REF	R40.4	1	1	0	1

G43.0=R40.0+R40.2+R40.3
    +R40.4
G43.1=R40.0
G43.2=R40.7+R40.3+R40.4
G43.7=R40.4

图 5-7 工作方式选择信号的逻辑关系

具体的方式选择 PMC 程序,如图 5-8 所示。

梯形图支路	注释
X0002.5 X0001.6 X0001.2 X0001.1 X0000.5 X0000.1 X0000.0 R0040.0 / R0040.0	R40.0表示按下X2.5编辑方式选择按键
X0001.6 X0002.5 X0001.2 X0001.1 X0000.5 X0000.1 X0000.0 R0040.1 / R0040.1	R40.1表示按下X1.6 MDI方式选择按键
X0001.2 X0002.5 X0001.6 X0001.1 X0000.5 X0000.1 X0000.0 R0040.2 / R0040.2	R40.2表示按下X1.2自动方式按键
X0001.1 X0002.5 X0001.6 X0001.2 X0000.5 X0000.1 X0000.0 R0040.3 / R0040.3	R40.3表示按下X1.1 JOG方式按键
X0000.1 X0002.5 X0001.6 X0001.2 X0000.5 X0001.1 X0000.0 R0040.4 / R0040.4	R40.4表示按下X0.1返参方式按键
X0000.5 X0002.5 X0001.6 X0001.2 X0000.1 X0001.1 X0000.0 R0040.5 / R0040.5	R40.5表示按下X0.5按键,选通X轴手轮进给方式
X0000.0 X0002.5 X0001.6 X0001.2 X0000.1 X0001.1 X0000.5 R0040.6 / R0040.6	R40.6表示按下X0.0按键,选通Z轴手轮进给方式
R0040.5 / R0040.6 → R0040.7	R40.7表示手轮方式
R0040.0 R0040.1 / R0040.2 R0040.3 R0040.4 → G0043.0	PMC到CNC信号MD1（G43.0）
R0040.0 R0040.1 → G0043.1	PMC到CNC信号MD2（G43.1）
R0040.7 R0040.1 / R0040.3 R0040.4 → G0043.2	PMC到CNC信号MD4（G43.2）
R0040.4 → G0043.7	PMC到CNC信号ZRN（G43.7）
R0040.5 → G0018.0	X轴手轮选通
R0040.6 → G0018.1	Z轴手轮选通
G0043.0 G0043.1 G0043.2 / → R0000.2	R0.2得电,处于自动方式
G0043.0 G0043.1 / G0043.2 / → R0000.3	R0.3得电,处于MDI方式
R0000.2 / R0000.3 → R0000.4	R0.4得电,处于自动或MDI方式
G0043.0 G0043.1 G0043.7 G0043.2 / → R0000.5	R0.5得电,处于JOG方式
G0043.0 G0043.1 G0043.2 → R0000.6	R0.6得电,处于手轮方式
R0000.5 / R0000.6 → R0000.7	R0.7得电,处于手动或手轮方式

图 5-8　方式选择 PMC 程序

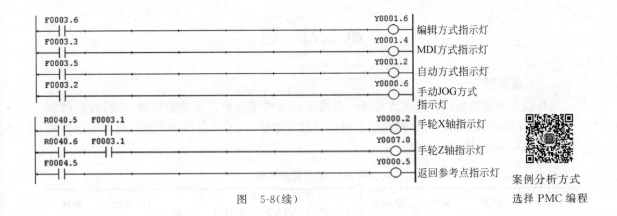

图 5-8(续)

案例分析方式
选择 PMC 编程

项 目 训 练

一、训练目的

(1) 熟悉方式选择 PMC 的编程方法。

(2) 熟悉用 MDI 键盘输入梯形图的方法。

(3) 掌握机床、PMC 及 CNC 三者的信号关系。

二、训练项目

(1) 查找实训设备操作方式输入地址。查找并记录现场设备在手动数据输入运行、自动方式运行、编辑方式运行、手轮进给运行、手动连续进给运行、手动返回参考点运行等工作方式的输入信号,并填入表 5-2 中。

表 5-2　项目训练记录表

运行方式	状态显示	输入信号 X	中间继电器 R	G43.7	G43.2	G43.1	G43.0	输出信号 Y	确认信号 F
程序编辑	EDIT	X2.5	R40.0	0	0	1	1	Y1.6	F3.6
存储器运动(自动)	MEM								
手动数据输入	MDI								
手轮进给	HND	X 轴						X 轴	
		Z 轴						Z 轴	
手动连续进给	JOG								
手动返回参考点	REF								

(2) 设计操作方式选择 PMC 程序,并将程序输入到 CNC 存储器中。

(3) 运行 PMC 程序,看结果是否正确。

练 习 题

一、填表题

查找实训设备操作方式输入地址。查找并记录现场设备在手动数据输入运行、自动方式运行、编辑方式运行、手轮进给运行、手动连续进给运行、手动返回参考点运行等工作方式的输入信号，并填入表 5-3 中。

表 5-3　练习题记录表

运行方式	状态显示	输入信号 X	中间继电器 R	G43.7	G43.2	G43.1	G43.0	输出信号 Y	确认信号 F
程序编辑	EDIT	X2.5	R40.0	0	0	1	1	Y1.6	F3.6
存储器运行（自动）	MEM								
手动数据输入	MDI								
手轮进给	HND	X轴						X轴	
		Z轴						Z轴	
手动连续进给	JOG								
手动返回参考点	REF								

二、判断题

1. 数控机床在自动方式下，可以进行加工程序的编辑、修改，CNC 参数等数据的输入/输出。（　　）

2. 当工作方式的切换信号 MD1、MD2、MD4、ZRN 各位的状态都是 0 时，选通的是 MDI 工作方式。（　　）

3. 在机床数控加工中，工作人员根据被加工零件的图样和工艺方案编写加工程序。编写加工程序时机床应处于"编辑"方式下。（　　）

4. 在数控机床加工过程中，进行"对刀"操作，如果要微调刀尖的位置，最好采用手轮进给方式进行微调位置。（　　）

5. 数控机床处在"编辑"工作方式下，可以设定或修改 FANUC 系统参数。（　　）

三、选择题

1. 数控机床工作方式的切换是通过 CNC 输入到 PMC 的 G 信号地址来决定的，通过该信号中 MD1、MD2、MD4、DNC、ZRN 各位的状态变换来实现。这个工作方式切换信号是（　　）。

    A. G30　　　　　　B. G70　　　　　　C. G43　　　　　　D. G71

2. 控制机床紧急停止的按钮，其工业安全颜色应采用（　　）色。

    A. 红　　　　　　B. 黄　　　　　　C. 绿　　　　　　D. 蓝

3. DNC 是数控车床(　　)工作模式。

    A. 自动运行方式　　　　　　　　　　B. 手动连续进给方式

    C. 手轮进给运行方式　　　　　　　　D. 编辑运行方式

4. 数控机床因为超行程产生错误信息,解决方法应该是(　　)。

    A. 重新开机　　　　　　　　　　　　B. 在自动方式下操作

    C. 返回参考点　　　　　　　　　　　D. 在手动方式下操作

5. JOG 是数控车床(　　)工作模式。

    A. 自动运行方式　　　　　　　　　　B. 手动连续进给方式

    C. 手轮进给运行方式　　　　　　　　D. 编辑运行方式

四、操作题

CK6140 数控车床模拟实训装置上,操作方式由 7 个按键组成,分别为编辑、MDI、自动、手动、X 轴手轮、Z 轴手轮及返参考点键。这些按键所对应的机床向 PMC 的输入信号为编辑(X2.5)、MDI(X1.6)、自动(X1.2)、手动(X1.1)、X 轴手轮(X0.5)、Z 轴手轮(X0.0)、返回参考点(X0.1);PMC 向机床输出的信号为编辑(Y1.6)、MDI(Y1.4)、自动(Y1.2)、手动(Y0.6)、X 轴手轮(Y0.2)、Z 轴手轮(Y7.0)、返回参考点(Y0.5)。在每个按键左上方都有一个指示灯,当指示灯亮时,指示当前 CNC 工作在该方式下。设计操作方式选择 PMC 程序,并将程序输入到 CNC 存储器中。运行 PMC 程序看结果是否正确。

项目六

进给轴手动进给 PMC 编程

任务一　手动进给参数和地址

【任务要求】

1. 掌握手动进给 PMC 向 CNC 输出的信号。
2. 理解每个信号的作用。
3. 掌握相关的机床参数。

【相关知识】

数控机床在手动连续进给方式下,按住机床操作面板上的轴进给方向键,机床将会使所选的坐标轴沿着所选的方向连续移动。一般情况下,手动连续进给在同一时刻仅允许一个轴移动,但也可以三个轴同时移动。

手动进给参数和地址

一、手动进给相关参数的选择

1. 手动进给速度

手动进给速度由参数 1423 来定义,使用手动进给速度倍率开关可调整进给速度。按下手动快速移动键后,机床以手动快速进给速度移动,此时,与手动进给倍率开关信号无关,手动快速进给速度由参数 1424 设定。进给速度的设定如表 6-1 所示。

表 6-1　进给速度的设定

快速进给	基准速度	倍率信号
0	参数 1423	手动进给倍率(JV)(0~655.34%)
1	参数 1421、1424、1420	快速进给倍率(ROV)(100%、50%、25%、F0)

参数 1423 设定手动进给速度倍率开关为 100% 时,各轴点动进给速度;参数 1421 设定快速进给倍率为 F0 时,手动快速进给速度;参数 1424 设定快速进给倍率为 100% 时,手动快速进给速度;参数 1424 设为 0,快速进给倍率设为 100% 时,手动快速进给速度使用参数 1420(各轴的快速移动速度)的设定值。

2. 手动快速移动

手动快速移动在参考点未确立之前是否有效,取决于参数 1401 的第 0 位设定。设定为

0 时,参考点未确立时,手动快速移动无效;设定为 1 时,参考点未确立时,手动快速移动有效,如图 6-1 所示。

		#7	#6	#5	#4	#3	#2	#1	#0
参数	1401								RPD

图 6-1　手动快速移动是否有效

3. 同时移动的轴数

参数 1002 的第 0 位定义手动连续进给时同时进给的轴数。第 0 位设定为 0 时,手动连续进给时只能一个轴移动;第 0 位设定为 1 时,可同时三轴连续移动,如图 6-2 所示。

		#7	#6	#5	#4	#3	#2	#1	#0
参数	1002								JAX

图 6-2　同时移动的轴数设定

4. 互锁信号参数

使用互锁信号可以禁止轴的移动。在自动换刀装置(ATC)和自动托盘交换装置(APC)等动作的过程中,可以使用该信号禁止轴的移动。参数 3003 的设定决定互锁信号是否有效。参数 3003 的第 0 位为 0 时,各轴互锁信号有效;第 0 位为 1 时,各轴互锁信号无效;第 2 位为 0 时,所有轴的互锁信号有效;第 2 位为 1 时,所有轴的互锁信号无效,如图 6-3 所示。

		#7	#6	#5	#4	#3	#2	#1	#0
参数	3003						ITX		ITL

图 6-3　互锁信号参数的设定

二、手动方式 PMC 向 CNC 输出的信号地址

1. 手动进给轴信号

手动连续进给轴选择及进给方向选择的信号为+J1～+J8、−J1～−J8,其中+、−表示进给方向,J 后面的数字表示控制轴号。手动连续进给方式下,信号为 1 时,该轴沿指定的方向移动。进给轴信号如图 6-4 所示。

		#7	#6	#5	#4	#3	#2	#1	#0
地址	G0100	+J8	+J7	+J6	+J5	+J4	+J3	+J2	+J1
	G0102	−J8	−J7	−J6	−J5	−J4	−J3	−J2	−J1

图 6-4　进给轴信号的设定

在 CK6140 数控车床实训装置中,进给键的含义为:X 轴正向进给键输入地址 X10.4,X 轴负向进给输入地址 X10.0,Z 轴正向进给键输入地址 X7.6,Z 轴负向进给输入地址 X10.2。具体的手动进给按键如图 6-5 所示。

具体的手动进给控制程序如图 6-6 所示。

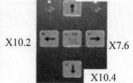

图 6-5　手动进给按键

图 6-6　手动进给控制程序

2. 手动进给速度倍率信号

手动进给速度倍率信号 G10、G11 可调整手动连续进给时轴的移动速度,如图 6-7 所示。

		#7	#6	#5	#4	#3	#2	#1	#0
地址	G0010	*JV7	*JV6	*JV5	*JV4	*JV3	*JV2	*JV1	*JV0
	G0011	*JV15	*JV14	*JV13	*JV12	*JV11	*JV10	*JV9	*JV8

图 6-7　手动进给速度倍率信号

在 CK6140 数控车床实训装置中,手动进给速度倍率是通过波段开关(旋钮)来控制的。手动进给速度倍率开关有 21 个挡位,对应的手动进给速度倍率从 0 到 120%。在 CK6140 数控车床实训装置中,手动进给速度倍率开关如图 6-8 所示。

图 6-8　手动进给速度倍率开关

在控制过程中采用中间寄存器 R55 来存储倍率开关,用 CODB 查表功能指令找到倍率代表的二进制数据,并存入手动进给速度倍率信号 G10、G11 中。具体的手动进给速度倍率控制程序如图 6-9 所示。

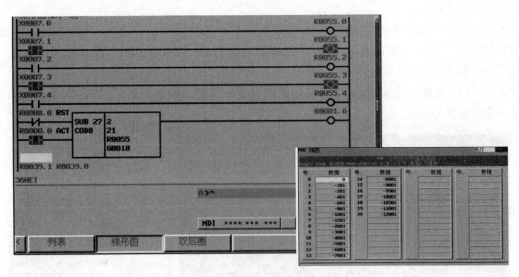

图 6-9　手动进给速度倍率控制程序

3. 手动快速移动信号

手动连续进给时,按下快速键使信号 G19.7 为 1,进给轴以手动快速设定的速度移动。信号如图 6-10 所示。

		＃7	＃6	＃5	＃4	＃3	＃2	＃1	＃0
地址	G0019	RT							

图 6-10　手动快速移动信号

在 CK6140 数控车床实训装置中,手动快速按键地址是 X10.5。具体的手动快速进给程序如图 6-11 所示。

图 6-11　手动快速进给程序

4. 手动快速倍率信号

在手动快速移动时,速度以 ROV1、ROV2 两位组合的倍率移动,F0 速度由参数 1421 设定。手动快速倍率信号如图 6-12 所示。

		＃7	＃6	＃5	＃4	＃3	＃2	＃1(G14.1)	＃0(G14.0)
地址	G0014							ROV2	ROV1
ROV2(G14.1)			ROV1(G14.0)				倍　率　值		
0			0				100%		
0			1				50%		
1			0				25%		
1			1				F0(参数由 1421 设定)		

图 6-12　手动快速倍率信号

在 CK6140 数控车床实训装置中,手动快速进给速度倍率是通过 4 个倍率按键来控制的,设置 4 个挡位,对应的手动快速进给速度倍率为 F0(参数由 1421 设定)、25%、50%、100%(参数由 1424 设定)。

CK6140 数控车床实训装置中,手动快速进给速度倍率按键如图 6-13 所示,4 个倍率按键对应的地址分别是 X0.6、X1.3、X1.7 和 X2.0。

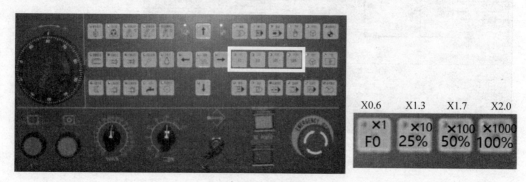

图 6-13　手动快速进给速度倍率按键

根据手动快速进给倍率之间的逻辑关系,可以推出本设备上手动快速进给倍率信号的关系表如表 6-2 所示。根据这个信号关系可以推出手动快速进给倍率相关的控制程序如图 6-14 所示。

表 6-2　CK6140 数控车床实训装置手动快速倍率信号关系

地　　址	寄存器信号	ROV2(G14.1)	ROV1(G14.0)	倍　率　值
X2.0	R39.3	0	0	100%
X1.7	R39.2	0	1	50%
X1.3	R39.1	1	0	25%
X0.6	R39.0	1	1	F0(参数由 1421 设定)

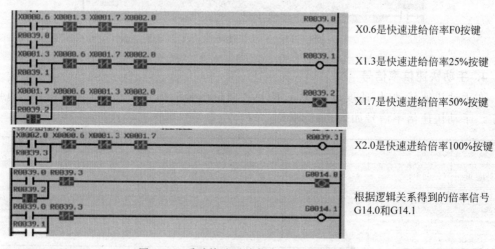

图 6-14　手动快速进给倍率相关的控制程序

5. 轴互锁信号

有两种互锁信号,所有轴的互锁信号 * IT 和各个轴的互锁信号 * ITx,如表 6-3 所示。

表 6-3　轴互锁信号

信 号 名 称		信 号 地 址	禁 止 移 动 轴
＊IT	所有轴的互锁信号	G0008.0	全部轴
＊ITx	各个轴的互锁信号	G0130	各个轴

　　某个轴互锁信号为 1 时,该进给轴被锁住,在手动方式下该轴就不会动作。所有轴互锁信号为 1,代表该设备所有轴都被锁住,在手动方式下所有轴都不能动作。如果使用这个信号必须先设定机床互锁信号有效的参数 3003♯0(所有轴互锁信号有效设定位)和 3003♯2(各轴互锁信号设定位),设定为 0 时,此时互锁信号有效。在 CK6140 数控车床实训装置中,X4.5、X4.6、X4.7 为预留转换开关,可以在设定好参数的基础上编写锁定轴的程序。相关的轴锁定程序如图 6-15 所示。

图 6-15　轴锁定程序

注:使用此功能要先设定参数 3003♯0♯2 为 0。

任务二　手轮进给参数和地址

【任务要求】

1. 掌握手轮进给方式下 PMC 和 CNC 之间的信号。

2. 掌握手轮参数。

【相关知识】

　　数控机床在手轮方式下,通过转动手轮使选择的轴移动。数控机床各个进给轴可以共用一个手轮,也可以各个进给轴各用独立的手轮,但每台数控机床最多安装三个手轮。在加工中,进行对刀和测量时,操作者需要使用手轮。

　　手轮操作相关按键介绍如表 6-4 所示。

表 6-4　手轮操作相关按键

按 键 符 号	名 称	功 能
X　Y　Z	手轮轴选择	选择手轮控制的轴
×1　×10 ×100　×1000	手轮进给倍率选择	选择手轮进给倍率

一、手轮进给相关参数的选择

1. 手轮使用允许参数

参数 8131 的第 0 位用来设置机床是否使用手轮。第 0 位是 1 时,机床使用手轮;第 0 位是 0 时,机床不使用手轮。手轮选择参数如表 6-5 所示。

表 6-5　手轮选择参数

参　数　号	参　数　名	参　数　含　义	初　始　值	设　定　值
8131♯0	HPG	手轮进给是否使用(1:使用)	0	1

2. JOG 方式下是否允许手轮使用

参数 7100 的第 0 位用来设置 JOG 方式下是否允许手轮使用。第 0 位设为 0,在 JOG 方式,手轮进给不可以使用;第 0 位设为 1,在 JOG 方式,手轮进给可以使用。具体的参数如表 6-6 所示。

表 6-6　JOG 方式下是否允许手轮使用参数

参　数　号	参　数　名	参　数　含　义	初　始　值	设　定　值
7100♯0	JHD	JOG 方式下是否允许手轮使用	0	0

3. 手轮进给倍率

手轮进给倍率可选择 4 种速度,分别为 $\times 1$、$\times 10$、$\times m$ 和 $\times n$,m 和 n 的倍数由参数确定。参数 7113 设定手轮进给移动量选择信号 MP1 $=0$、MP2 $=1$ 时的倍率为 m;参数 7114 设定手轮进给移动量选择信号 MP1 $=1$、MP2 $=1$ 时的倍率为 n。这两个参数的设定数据范围是 $1 \sim 2000$。

手轮的进给倍率选择参数如表 6-7 所示。

表 6-7　手轮的进给倍率选择参数

参　数　号	手轮进给倍率
7113	m
7114	n

二、手轮进给相关信号的地址

1. 轴选择信号

机床可以安装 3 个手轮,每个手轮轴选择信号的编码由 PMC 编程输出到 CNC 的 G18、G19 信号地址内,如图 6-16 所示。G18.0～G18.3 控制第 1 台手轮,G18.4～G18.7 控制第 2 台手轮,G19.0～G19.3 控制第 3 台手轮。

地址		#7	#6	#5	#4	#3	#2	#1	#0
地址	G0018	HS2D	HS2C	HS2B	HS2A	HS1D	HS1C	HS1B	HS1A
	G0019					HS3D	HS3C	HS3B	HS3A

HSnD	HSnC	HSnB	HSnA	对应控制轴
0	0	0	0	没有选择
0	0	0	1	第 1 轴
0	0	1	0	第 2 轴
0	0	1	1	第 3 轴
0	1	0	0	第 4 轴
⋮	⋮	⋮	⋮	⋮

图 6-16　三个手轮的选择信号

在 CK6140 数控车床实训装置中，只安装一个手轮，通过 PMC 程序控制手轮的选通。当 G18.0 为 1 时，X 轴手轮有效；当 G18.1 为 1 时，Z 轴手轮有效。具体的手轮选通的控制程序如图 6-17 所示。

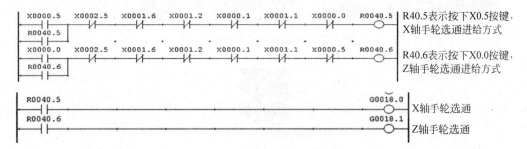

图 6-17　手轮选通的控制程序

2. 手轮倍率信号

手轮倍率信号由 CNC 输入信号地址 G19 的第 4 位和第 5 位来确定，有四种不同的组合，如图 6-18 所示。

地址		#7	#6	#5	#4	#3	#2	#1	#0
地址	G0019			MP2	MP1				
地址	G0087				MP32	MP31		MP22	MP21

MP1	MP2	倍率
0	0	×1
0	1	×10
1	0	×m
1	1	×n

图 6-18　手轮倍率选择信号

在 CK6140 数控车床实训装置中，手轮倍率和手动快速进给速度倍率是由共同使用的 4 个倍率按键来控制的，设置 4 个挡位，对应的手轮速度倍率为×1、×10、×100、×1000。在 CK6140 数控车床实训装置中，手轮快速进给速度倍率按键如图 6-13 所示，4 个倍率按键对应的地址分别是 X0.6、X1.3、X1.7、X2.0。

手轮倍率相关的控制程序编程思路和手动快速进给倍率的编程思路类似,都是根据倍率选择信号的逻辑关系来编写。具体的手轮倍率相关的控制程序如图 6-19 所示。

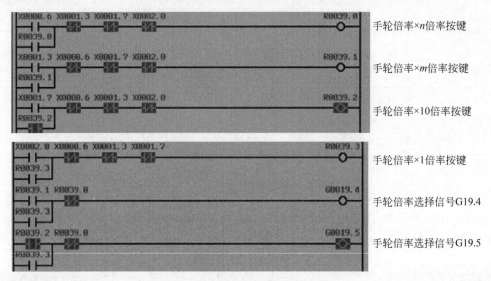

图 6-19　手轮倍率相关的控制程序

手轮进给参数和地址

任务三　案例分析:手动进给 PMC 编程

【任务要求】

1. 掌握手动进给 PMC 程序。

2. 掌握手轮进给 PMC 程序。

【相关知识】

在使用数控机床的过程中,更换零件、刀具,测量及维护保养机床,都需要手动操作机床的各个进给轴。在机床操作面板上,每个轴都有正、负方向的手动进给键。另外,在对刀等操作中,须随时控制进给轴的速度及移动量,所以机床须带有手轮功能。

一、机床与 PMC 之间的输入/输出信号

1. 仿真面板

CK6140 数控车床实训装置带有一块机床输入/输出操作面板,面板上安装有按键、置位开关,X 轴和 Z 轴的限位开关,参考点减速开关及指示灯等仿真元件。

仿真面板如图 6-20 所示。

机床输入到 PMC 的所有轴互锁信号 SA1 接 X4.5,X 轴的互锁信号接 X4.6,Z 轴的互

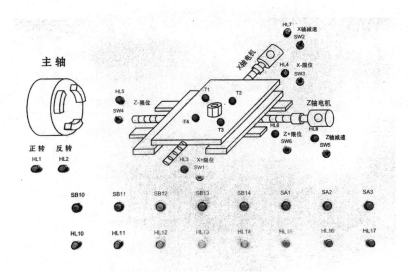

图 6-20　CK6140 数控车床实训装置的仿真面板

锁信号接 X4.7。

2. 机床操作面板

机床操作面板参见前面介绍的图 5-5,输入/输出信号接线参见前面介绍的图 5-6,手轮 Z 轴选择键接 X0.0,手轮 X 轴选择键接 X0.5,手轮倍率选择×1 键接 X0.6,×10 键接 X1.3,×100 键接 X1.7,×1000 键接 X12.0,X 轴正向进给键接 X10.4,X 轴负向进给键接 X10.0,Z 轴正向进给键接 X7.6,Z 轴负向进给键接 X10.2,手动快速进给键接 X10.5。

二、手动进给 PMC 程序

1. 机床锁住功能的实现

机床输入到 PMC 的所有轴互锁信号 SA1 接 X4.5,X 轴的互锁信号接 X4.6,Z 轴的互锁信号接 X4.7,其中 X4.5、X4.6、X4.7 都是开关信号,按下接通,再次按下断开。锁定轴后在手动进给(JOG)方式下机床不能进给。编程之前,应先设定参数 3003♯0♯2 为 0,打开机床轴锁住信号。轴锁定程序如图 6-21 所示。

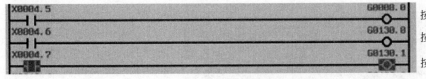

图 6-21　轴锁定程序

X 轴坐标值锁住界面如图 6-22 所示。

Z 轴坐标值锁住界面如图 6-23 所示。

所有轴坐标值锁住界面如图 6-24 所示。

2. 手动及手轮方式进给功能的实现

手动及手轮方式进给相关的 PMC 程序如图 6-25 所示。

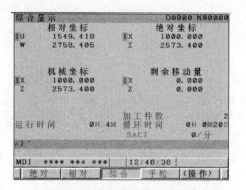

图 6-22　X 轴坐标值锁住界面

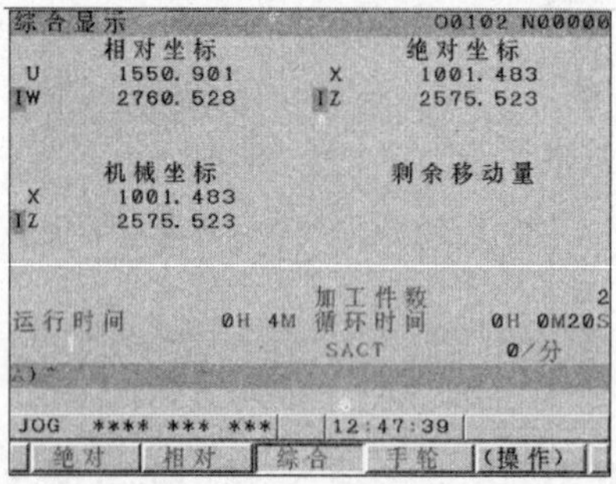

图 6-23　Z 轴坐标值锁住界面

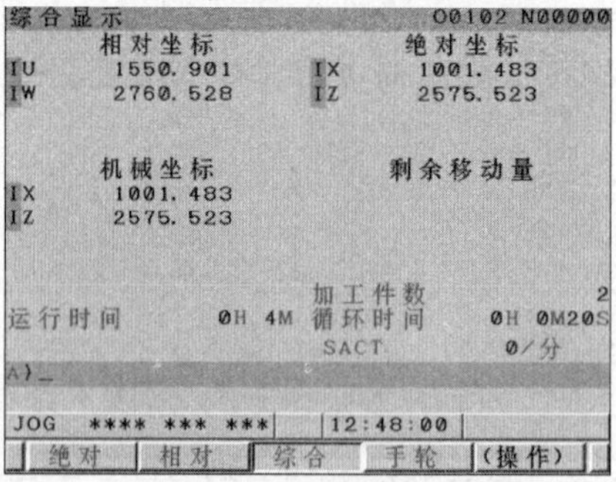

图 6-24　所有轴坐标值锁住界面

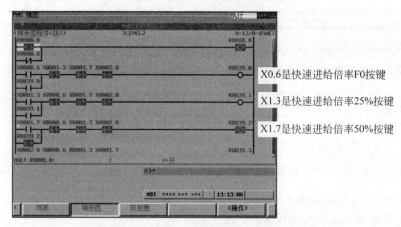

图 6-25　手动及手轮方式进给相关的 PMC 程序

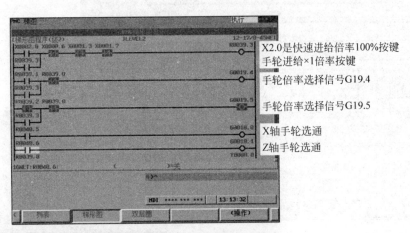

X2.0是快速进给倍率100%按键
手轮进给×1倍率按键
手轮倍率选择信号G19.4
手轮倍率选择信号G19.5
X轴手轮选通
Z轴手轮选通

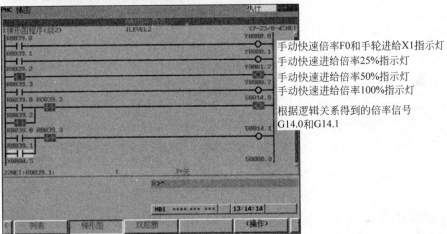

手动快速倍率F0和手轮进给X1指示灯
手动快速进给倍率25%指示灯
手动快速进给倍率50%指示灯
手动快速进给倍率100%指示灯
根据逻辑关系得到的倍率信号
G14.0和G14.1

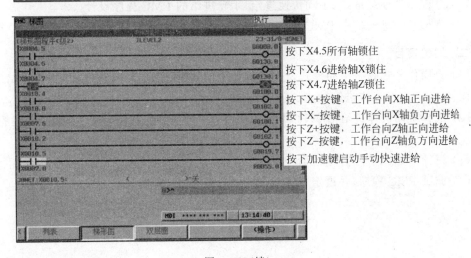

按下X4.5所有轴锁住
按下X4.6进给轴X锁住
按下X4.7进给轴Z锁住
按下X+按键，工作台向X轴正向进给
按下X-按键，工作台向X轴负方向进给
按下Z+按键，工作台向Z轴正向进给
按下Z-按键，工作台向Z轴负方向进给
按下加速键启动手动快速进给

图　6-25(续)

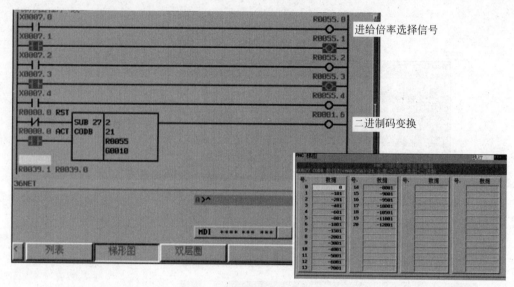

图　6-25（续）

手动进给 PMC 编程

项 目 训 练

一、训练目的

（1）掌握手动连续进给、手动快速进给、手轮进给的 PMC 程序设计。

（2）掌握手动进给倍率 PMC 程序设计。

二、训练项目

（1）将操作方式置于手动模式，选择 X、Z 中的任意一轴，再同时按下"快速进给"键和轴方向键"＋""－"，对应进给轴正、负方向快速移动。

（2）选择手动快速进给倍率 F0、F25、F50、F100 键中的任意键，左上角指示灯亮的键被选中。

（3）设计 PMC 程序，并输入数控系统。

（4）调试 PMC 程序，并设定快速移动相关参数 1421、1420、1424。

练 习 题

一、判断题

1. 手动进给速度倍率为 100％时，手动进给速度是由参数 1423 来设置的。（　　　）

2. 手动进给倍率信号为 G10、G11,改变 G10、G11 可以调整手动连续进给时轴移动的速度。(　　)

3. FANUC 系统参数 8131 的第 0 位代表机床是否使用手轮,这一位是 0 时,机床使用手轮。(　　)

4. 手动进给倍率旋钮控制 21 个挡位的手动进给倍率是通过 CODB 功能指令来实现的。(　　)

5. 数控机床锁定轴后,在手动进给(JOG)方式下机床不能进给。要使用机床轴锁住功能,在 PLC 编程之前,应先设定参数 3003♯0♯2 为 0,打开机床轴锁住信号。(　　)

二、选择题

1. FANUC 0i-D 数控系统,手动快速移动信号是(　　)。

　　A. G19.7　　　　B. G14.0　　　　C. G100.0　　　　D. G100.1

2. FANUC 0i Mate-TD 数控系统的数控车床,只安装了一个手轮,(　　)信号为 1 时,X 轴手轮有效,此时手轮控制 X 轴的手轮进给。

　　A. G11.0　　　　B. G14.0　　　　C. G18.0　　　　D. G18.1

3. FANUC 0i Mate-TD 数控系统的数控车床,只安装了一个手轮,(　　)信号为 1 时,Z 轴手轮有效,此时手轮控制 Z 轴的手轮进给。

　　A. G11.0　　　　B. G14.0　　　　C. G18.0　　　　D. G18.1

三、操作题

1. 将操作方式置予手动进给(JOG)模式,选择轴方向键"+X""-X""+Z""-Z"中任意一键,进给轴按照指定方向移动,再同时按下"快速进给"键和轴方向键"+X""-X""+Z""-Z",对应进给轴按指定方向快速移动。编写 PMC 控制程序。快速进给键和轴方向键如图 6-5 所示。

2. 选择手动快速进给倍率 F0、F25、F50、F100 键中的任意键,将操作方式置予手动进给(JOG)模式下,同时按下"快速进给"键和轴方向键"+X""-X""+Z""-Z",对应进给轴按指定方向和快速进给倍率快速移动,选定的手动快速进给倍率键左上角指示灯亮。编写 PMC 控制程序。手动快速进给速度倍率按键如图 6-13 所示。

项目七

参考点的确认

任务一　使用挡块返回参考点

【任务要求】

1. 熟悉如何使用挡块返回参考点的相关参数。
2. 掌握返回参考点的信号。
3. 掌握返回参考点的步骤。

【相关知识】

在数控机床上,因为需要对刀具运动轨迹的数值进行准确控制,所以要对数控机床建立坐标系。机床返回参考点功能是数控机床建立机床坐标系的必要手段,参考点可以设置在机床坐标行程内的任意位置。返回参考点的方法主要包括有挡块参考点的返回、无挡块参考点的返回和对准标记点式参考点的返回等。

一般情况下,有挡块返回参考点方式采用增量式脉冲编码器。增量式脉冲编码器检测接通电源后轴的移动量。CNC电源断开后,各轴的坐标位置丢失,因此机床接通电源后,首先各轴进行返回参考点的操作,机床重新建立坐标系。无挡块参考点的返回和对准标记点式参考点的返回方式都采用绝对式编码器。绝对式编码器在CNC电源断开的也能用电池保持工作,所以只要装机调试时设定好参考点,就不会丢失机械位置,可以省去电源接通后返回参考点的操作。需要注意的是,当更换过伺服放大器或者伺服电动机,也就是使得伺服反馈线与伺服放大器脱开过,或者安装在伺服放大器的编码器电池电压过低,更换过编码器电池时,要重新建立参考点,建立方法在本项目中也会介绍。

在具体学习之前,我们要理解栅格的概念,栅格是位置检测器的一转移动量,伺服电动机每转1圈,其后端的编码器会发出1个Z信号,即建立1个栅格信号。1个栅格的距离为编码器检测单位乘以参考计数器容量(参数1821)。

使用挡块返回
参考点

一、有挡块方式返回参考点的相关参数

1. 设定参考点使用挡块

参数1005的第1位:第1位为0时,各轴使用挡块方式返回参考点,第1位为1时各轴不使用挡块方式返回参考点。对于有挡块返回参考点方式,应设定为0。参数1005的设定

如图 7-1 所示。

参数	#7	#6	#5	#4	#3	#2	#1	#0
1005							DLZ	

图 7-1 参数 1005 的设定

2. 设定返回参考点的方向

参数 1006 的第 5 位：第 5 位为 0 时返回参考点方向为正,第 5 位为 1 时返回参考点方向为负。一般设定为 0,各轴以正方向返回参考点。

3. 编码器类型的设定

参数 1815 的第 5 位：第 5 位为 0 时使用增量式编码器,第 5 位为 1 时使用绝对式编码器。参数 1815 的设定如图 7-2 所示。

参数	#7	#6	#5	#4	#3	#2	#1	#0
1815			APC	APZ				

图 7-2 参数 1815 的设定

4. 参考点返回速度

返回参考点时,在减速开关之前,轴以参考点返回速度移动,该速度参数为 1428。当参数 1428 设定为 0 时,以参数 1420 设定的速度快速移动。

5. 返回参考点减速参数

参数 1425 设定返回参考点的 FL 速度。返回参考点减速信号输入后,轴以参数 1425 设定的低速移动。

6. 参考点完成时的机床坐标

使用参数可以设定回参考点完成时预置的机床坐标值。参数 1240 设定各轴第 1 参考点的机床坐标值,1241 设定第 2 参考点的机床坐标值,1243 设定第 3 参考点的机床坐标值。

7. 参考点偏移参数

在 CNC 检测到零脉冲后,继续移动一定的距离,又称为栅格偏移。栅格偏移的设定参数是 1850,其设置范围只能在电动机一转移动量内设定,位置偏移的方向与返回参考点方向相同。

二、有挡块方式返回参考点的相关信号

(1) CNC 在选择返回参考点方式时,方式确认信号 F4.5 为 1,手动进给倍率开关 G10.0~G11.7 不全为 0 或全为 1,输入轴方向选择 G100.0~G100.2、G102.0~G102.2。

(2) 减速信号,如图 7-3 所示。

地址	#7	#6	#5	#4	#3	#2	#1	#0
X9	*DEC8	*DEC7	*DEC6	*DEC5	*DEC4	*DEC3	*DEC2	*DEC1

图 7-3 减速信号

这个信号是设置在参考点之前的机床外部减速开关发出的信号,每个进给轴都在固定位置放置减速开关,在返回参考点时,挡块压上此减速挡块后,轴以参数 1425 设定的速度进给。该信号有系统固定的 PMC 输入地址,第 1 轴减速开关接 X9.0,第 2 轴减速开关接 X9.1,第 3 轴减速开关接 X9.2 等。该信号的状态由 CNC 直接读取,无须 PMC 编程处理。该信号低电平有效。如果需要改变减速信号的地址,可将参数 3008♯2(XSG)设为 1,此时返回参考点的 X 地址可由参数 3013、3014 设定。

(3)参考点返回完成信号。手动返回参考点或自动返回参考点完成后,返回参考点完成信号(ZPx)变为 1。第 1 轴完成信号为 F94.0,第 2 轴完成信号为 F94.1,第 3 轴完成信号为 F94.2,以此类推。进给轴离开参考点,或者按急停按钮等,返回参考点完成信号变为 0,即使手动进给或手轮进给时机床移动到参考点,返回参考点完成信号也一直为 0。参考点返回完成信号如图 7-4 所示。

地址	♯7	♯6	♯5	♯4	♯3	♯2	♯1	♯0
F94	ZP8	ZP7	ZP6	ZP5	ZP4	ZP3	ZP2	ZP1

图 7-4　参考点返回完成信号

(4)参考点建立信号。使用增量式编码器时,接通电源,机床返回参考点后,该信号变为 1,并且在切断电源前一直为 1。F120.0 为第 1 轴参考点已建立信号,以此类推,如图 7-5 所示。

地址	♯7	♯6	♯5	♯4	♯3	♯2	♯1	♯0
F120	ZRF8	ZRF7	ZRF6	ZRF5	ZRF4	ZRF3	ZRF2	ZRF1

图 7-5　参考点建立信号

三、有挡块方式返回参考点的操作步骤

使用挡块返回参考点的步骤如下。

(1)设定参数 1005♯1 为 0 即有挡块返参,参数 1815♯5 为 0 即使用增量式编码器;选择手动连续进给方式,使机床离开参考点。

(2)按机床操作面板方式选择的参考点键,选择返回参考点方式。

(3)选择快速进给倍率键 100%。

(4)按住机床操作面板上的轴方向进给键,发出返回参考点的轴及方向移动的指令,按照选择的轴向参考点方向以快速进给的速度移动,快速进给的速度由快速参数 1428 设定,进给方向由参数 1006 的第 5 位设定。

(5)当参考点减速挡块被压下时,参考点减速信号(DECx)变为 0,轴以参数 1425 设定的 FL 速度移动。

(6)离开减速挡块后,减速开关释放,返回参考点减速信号又变为 1,轴继续移动。

(7)CNC 检测脉冲编码器一转信号,CNC 接收到一转信号后,轴继续移动,进行参考点偏移计数,当到达参数 1850 设定的参考点偏移量时,坐标轴停止在栅格上,CNC 输出参考点到达信号。

使用挡块返回参考点的示意图如图 7-6 所示。

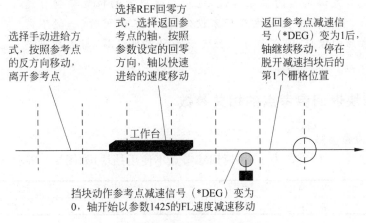

图 7-6 使用挡块返回参考点的示意图

四、微调参考点位置的方法

从使用挡块返回参考点的操作图示过程可以看出,通过改变返回参考点挡块的安装位置,可以栅格为单位修改参考点位置。1 栅格内的微调,可以用栅格偏移功能参数 1850 来实现。微调参考点位置的步骤如下。

(1) 使机床回到参考点(此位置是微调前的参考点位置)。

(2) 按下功能键数次,显示相对坐标界面,按下"操作""归零""所有轴"软键,将此位置的相对坐标归零。

(3) 一边观察机床位置,一边用手轮进给把轴移动到希望设为参考点的位置。

(4) 读取相对坐标值。

(5) 在参数 1850 中设定各轴的栅格偏移量。对于车床用直径指定的轴,需要设为界面的显示实际移动量 2 倍的值。

(6) 断开强电,重新启动系统。

(7) 再次返回参考点,确认参考点位置是否正确。

任务二 无挡块返回参考点

【任务要求】

1. 熟悉无挡块返回参考点相关参数的设置。

2. 掌握使用无挡块返回参考点的方法和步骤。

3. 掌握相关的参数及信号的设置方法。

【相关知识】

无挡块返回参考点是一种不需要减速开关的手动返回参考点方式。在返回参考点时,无快速进给移动,而是直接以参考点减速速度寻找离编码器最近的第 1 个零脉冲,并将其作为参考点。无减速挡块开关返回参考点方式的参考点位置不固定,将给机床坐标系、行程限位等参数的设定带来影响,因此,一般只用于配置绝对式编码器的数控机床。对于配置绝对式编码器的机床来说,绝对式编码器的位置数据可通过后备电池保存,参考点由机床生产厂家设定,用户在使用时,一般不需要进行返回参考点的操作,但在参考点丢失或编码器更换后,需进行重新返回参考点操作。

无挡块返回参考点

一、无挡块返回参考点的相关参数

1. 无挡块设置参数

参数 1005 的第 1 位设定为 1 时,返回参考点不使用挡块,如图 7-7 所示。

参数	#7	#6	#5	#4	#3	#2	#1	#0
1005							DLZ	

图 7-7　参数 1005 的设定

2. 编码器设置参数

参数 1815 的第 5 位设定为 1 时,使用绝对式编码器。第 4 位检测参考点是否已建立,当第 4 位设定为 0 时,绝对式编码器参考点未建立;当第 4 位设定为 1 时,绝对式编码器参考点已建立,如图 7-8 所示。

参数	#7	#6	#5	#4	#3	#2	#1	#0
1815			APC	APZ				

图 7-8　参数 1815 的设定

3. 返回参考点方向的参数

参数 1006 的第 5 位设定为 0 时,返回参考点方向为正向;第 5 位设定为 1 时,返回参考点方向为负向,如图 7-9 所示。

参数	#7	#6	#5	#4	#3	#2	#1	#0
1006			ZMI					

图 7-9　参数 1006 的设定

4. 速度参数的设置

返回参考点时,速度的设定依据参数 1425 设定的 FL 速度。

5. 栅格移动量参数

使用参数的栅格偏移功能,可在 1 个栅格的范围内微调参考点位置。各轴栅格移动量参数为 1850。

二、无挡块返回参考点的相关信号

(1) CNC 在选择返回参考点方式时,方式确认信号 F4.5 为 1,手动进给倍率开关 G10.0～G11.7 不全为 0 或全为 1;输入轴方向选择 G100.0～G100.2、G102.0～G102.2。

(2) 参考点返回完成信号。手动返回参考点或自动返回参考点完成后,返回参考点完成信号(ZPx)变为 1。第 1 轴完成信号为 F94.0,第 2 轴完成信号为 F94.1,第 3 轴完成信号为 F94.2,以此类推。进给轴离开参考点,或者按急停按钮等,返回参考点完成信号变为 0,即使手动进给或手轮进给时机床移动到参考点,返回参考点完成信号也一直为 0。

（3）参考点确认信号,如图 7-10 所示。

地址	#7	#6	#5	#4	#3	#2	#1	#0
F120	ZRF8	ZRF7	ZRF6	ZRF5	ZRF4	ZRF3	ZRF2	ZRF1

图 7-10　参考点确认信号

使用绝对值编码器时,建立参考点后,参数 1815 的第 4 位变为 1,F120 对应的各轴自动变为 1。

三、无挡块返回参考点的步骤

（1）设定参数 1005♯1 为 1,即无挡块返参;参数 1815♯5 为 1,即使用绝对式编码器;参数 1815♯4 为 0,即参考点未建立。用手动进给或手轮进给使轴进给电动机移动一转以上。

（2）切断电源,再接通电源。

（3）按照设定的返回参考点方向手动移动机床。把轴移动到预定为参考点位置之前大约 1/2 栅格的距离。

（4）按机床操作面板上的返回参考点方式选择键,选择返回参考点方式。

（5）按轴方向键,轴以参数 1425 设定的速度沿返回参考点方向移动。

（6）CNC 检测脉冲编码器一转信号,CNC 接收到一转信号后,轴继续移动,进行参考点偏移计数,当到达参数 1850 设定的参考点偏移量时,坐标轴停止在栅格上,CNC 输出参考点到达信号,参数 1815 的第 4 位自动变为 1。

无挡块返回参考点的示意图如图 7-11 所示。

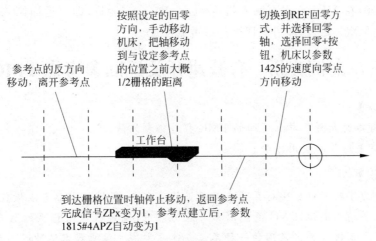

图 7-11　无挡块返回参考点的示意图

四、对准标记点返回参考点的步骤

（1）设定参数 1005♯1 为 1,即无挡块返参;参数 1815♯5 为 1,即使用绝对式编码器;参数 1815♯4 为 0,即参考点未建立。用手动进给或手轮进给使轴进给电动机旋转远离参考点位置。

（2）切断电源，再接通电源。

（3）按照设定的返回参考点方向手动移动机床。把轴移动到预定为参考点的标记点位置。

（4）在 MDI 方式下，手动设置 1815♯4 为 1，关机重启。

（5）开机后，手动进给使轴远离参考点位置，再选择返回参考点方式，则机床自动返回以标记点位置设定的参考点，参考点设定完成。

五、第二参考点的设置

返回参考点一般指的是第一参考点，主要作用是建立机床的坐标系。如果数控机床上有自动换刀或者自动拖盘交换器等功能，则需要设定第二、第三参考点。

设定方法：通过 G30 的指令，在所指令的轴方向经过刀具所指令的中间点，将刀具定位在第二、第三参考点，定位完成后返回第二、第三参考点完成信号会变成"1"。第二、第三参考点的位置预先通过参数（No.1241～No.1243）用机械坐标系的坐标值进行设定，如图 7-12 所示。

1241	第二参考点在机械坐标系中的坐标值
1242	第三参考点在机械坐标系中的坐标值

图 7-12　参考点位置的设定

返回第二、第三参考点（G30）的刀具路径，通过参数 LRP（No.1401♯1）即可与自动返回参考点（G28）一样，将返回第二、第三参考点（G30）的刀具路径设为非直线插补型定位，或者设定为直线插补型定位。

一般情况下，将参数 LRP（No.1401♯1）设定为 1 即选择了直线插补型定位，可以通过参数 ZRL（No.1015♯4）将返回第二、第三参考点（G30）到参考点的刀具路径设定为直线插补型定位。

例如，设置 X 轴第二参考点位置为 −60.00，可以通过设置参数 1241 第二参考点坐标 X 轴为 −60.00，在 MDI 方式下输入指令：G30 P2 X0；运行，即可返回第二参考点位置。输入指令：G28 X0；运行，即可返回第一参考点位置。

任务三　案例分析：有减速开关返回参考点 PMC 程序

【任务要求】

1. 掌握有减速开关参考点返回的 PMC 程序编制方法。

2. 掌握有关信号的使用方法。

【相关知识】

参考点是为了确定机床坐标系原点而设置的基准点，通过返回参考点操作，可使坐标轴移动到参考点并精确定位，CNC 便能以参考点为基准，确定机床坐标系的原点。编码器零脉冲返回参考点是机床普遍采用的一种参考点建立方法。编码器零脉冲返回参考点又可分为减速开关返回参考点和无减速开关返回参考点两种。

一、返回参考点相关的信号

1. 机床操作面板

CK6140 数控车床实训装置中，机床操作面板采用国产三森公司生产的 CNC-0iMA 面板,操作方式采用按键式切换方式。返回参考点方式选择键接 X0.1,参考点方式确认指示灯接 Y0.5,X 轴参考点完成指示灯接 Y6.3,Z 轴参考点完成指示灯接 Y1.3。

2. 仿真面板

CK6140 数控车床实训装置带有一块机床输入/输出操作面板,面板上安装有按钮、置位开关、X 轴和 Z 轴的限位开关、参考点减速开关及指示灯等仿真元件。仿真面板参见前面介绍的图 6-19。X 轴减速开关 SW2 接 X9.0,Z 轴减速开关 SW5 接 X9.1。按下 X 轴减速开关时指示灯 HL7 接 Y4.6,按下 Z 轴减速开关时指示灯 HL8 接 Y4.7。

二、手动返回参考点的 PMC 程序

选择手动返回参考点方式时,G43.0、G43.2、G43.7 为 1,参考点确认信号 CNC 到 PMC 的输入信号 F4.5 为 1,操作面板上的方式确认指示灯输出 Y0.5 为 1。X 轴返回参考点完成时 F94.0 为 1,X 轴参考点完成时指示灯输出 Y6.3 为 1,Z 轴返回参考点完成时 F94.1 为 1,Z 轴参考点完成指示灯输出 Y1.3 为 1。按下 X 轴减速挡块开关时指示灯 HL7 亮,按下 Z 轴减速挡块开关时指示灯 HL8 亮。

手动返回参考点的 PMC 程序如图 7-13 所示。

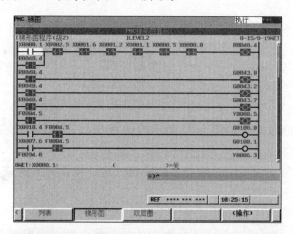

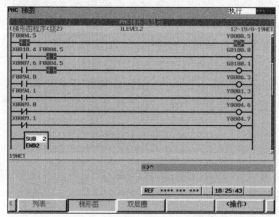

图 7-13 手动返回参考点的 PMC 程序

有减速开关返回参考点 PMC 程序

项 目 训 练

一、训练目的

(1) 掌握 PMC 程序编制方法。

(2) 掌握返回参考点的操作步骤。

二、训练项目

(1) 将操作方式选择为返回参考点方式,再选择相应的进给轴及方向,则对应轴返回参考点,进给轴及方向键只需点动按下一次。

(2) 设计 PMC 程序。

(3) 完成手动返回参考点的操作。

练 习 题

一、判断题

1. 对于安装了绝对式编码器作位置反馈的机床,需要每次开机都进行返回参考点操作。(　　　)

2. 参数 1815 的第 5 位是编码器类型的设定。这一位设为 0 时使用增量式编码器,设为 1 时使用绝对值式编码器。(　　　)

3. 参数 1815 的第 4 位为 0 时,表示绝对式编码器参考点已建立。(　　　)

4. X 轴返回参考点完成时 F94.0 变为 1,Z 轴返回参考点完成时 F94.1 变为 1,F94.0 和 F94.1 可以作为返回参考点完成指示灯的驱动条件。(　　　)

5. 所谓绝对回零(参考点),就是采用增量位置编码器建立机床零点,并且一旦零点建立,无须每次开电回零。(　　　)

6. 返回参考点一般指的是第一参考点,主要作用是建立机床的坐标系。如果数控机床上有自动换刀或者自动拖盘交换器等功能,则需要设定第二、第三参考点。(　　　)

二、选择题

1. 参数 3111♯0 位 SVS 表示(　　　)。

　　A. 是否显示伺服设定界面、伺服调整界面

　　B. 是否显示主轴界面

　　C. 是否只显示伺服设定界面

　　D. 是否只显示伺服调整界面

2. 比较下列各检测元件,测量精度最高的是(　　　)。

　　A. 光栅　　　　　　　　B. 磁栅　　　　　　C. 感应同步器　　　D. 旋转变压器

3. 数控机床半闭环控制系统的特点是(　　)。

　　A. 结构简单、价格低廉、精度差

　　B. 结构简单、维修方便、精度不高

　　C. 调试与维修方便、精度高、稳定性好

　　D. 调试较困难、精度很高

4. 数控机床的"回零"操作是指回到(　　)。

　　A. 对刀点　　　　　　B. 换刀点　　　　　C. 机床的参考点　　　D. 编程原点

三、简答题

1. 返回参考点过程之前要设置哪些参数？这些参数的含义？

2. 简述使用挡块返回参考点的步骤。

3. 简述对准标记点式返回参考点步骤。

四、操作题

CK6140 数控车床实训装置中，原来的返回参考点方式的 PMC 控制需要选通进给轴后一直按下进给轴进给方向按键才能返回参考点。设计优化返回参考点的 PMC 相关程序，将操作方式选择返回参考点方式，再选择相应的进给轴及方向，则对应轴返回参考点，进给轴及方向键只需按下一次就可以实现返回参考点操作。设计该功能的 PMC 程序。

项目八

自动运行的调试

任务一　自动运行条件

【任务要求】

1. 掌握自动运行的基本内容。
2. 掌握自动运行的条件。

【相关知识】

坐标轴手动调试完成、建立参考点后，就可进行 CNC 自动运行的调试了。CNC 自动运行的前提是，操作方式选择自动或 MDI 方式，并输入相应的加工程序。

一、自动运行的基本内容

1. 坐标轴的 MDI 方式运行

通过 MDI 方式运行，可验证坐标轴自动运行时的移动方向、速度、位移量，检查部分插补功能、程序控制功能的执行情况。

2. 程序控制功能调试

通过在自动运行方式下运行加工程序，可对控制 CNC 加工程序运行的各种参数、控制信号的有效性进行试验，例如空运行、单段运行、机床锁住、选择跳段等功能。

3. 主轴调试

采用模拟主轴的数控机床，CNC 只需输出主轴转速模拟电压，主轴电动机的正反转需要通过主轴变频器来实现，因此，主轴调试一般以 PMC 程序调试为主。在采用串行主轴控制的 CNC 上，CNC、PMC 与主轴驱动器之间的数据传送通过总线通信进行。

4. 辅助功能调试

辅助功能调试是对机床使用的 M、T、B 等功能进行的调试。辅助功能包括机床除坐标轴以外的全部动作，例如，自动换刀、工作台交换、模拟主轴控制、冷却、润滑等。

二、自动运行的条件

(1) 伺服放大器无故障，伺服准备好信号 F0.6 为 1。

(2) CNC 无报警，报警信号 F1.0 为 0。

（3）CNC 系统无软、硬件故障，CNC 准备好信号 F1.7 为 1。

（4）机床已完成返回参考点操作。

（5）机床操作方式为 MDI 或自动方式。

（6）加工程序已通过 MDI 或编辑方式输入。

（7）无外部急停输入、无坐标轴互锁信号、机床坐标轴未超程、无进给保持输入、进给倍率开关不在 0 位置、外部无复位信号输入、机床未锁住。

任务二　自动运行的基本参数和信号

自动运行

【任务要求】

1. 掌握自动运行的基本参数。

2. 了解相关的 CNC 信号。

【相关知识】

CNC 程序运行可通过 PMC 向 CNC 输出的控制信号，对机床启动、进给保持、自动运行停止、CNC 复位停止等进行控制，还可以通过机床操作面板上的辅助功能键进行机床锁住、空运行、单段执行、选择跳段、程序重启等操作。

一、自动运行的启动

CNC 自动运行的前提是，操作方式选择 MDI 或自动方式之一，并输入相关的加工程序。CNC 选择了自动方式后，CNC 输出自动操作准备好信号（OP）变为 1，也就是 F0.7 为 1。当自动运行基本条件满足并且程序选定后，可按下操作面板上的循环启动按键，如图 8-1 所示，循环启动信号 ST（G7.2）的下降沿，启动程序自动运行，如图 8-2 所示。

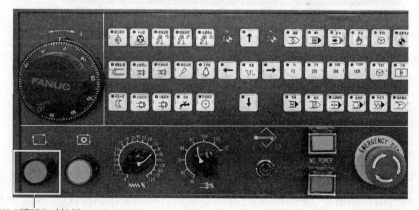

X2.2 循环启动按钮

X0002.2　X2.2 循环启动按键

G0007.2　G7.2 循环启动信号，启动程序自动运行

图 8-1　循环启动按键

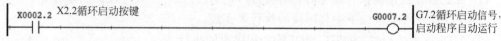

地址	#7	#0	#5	#4	#3	#2	#1	#0
G7						ST		

图 8-2　循环启动信号

二、进给保持

进给保持又称为进给暂停,这是一种中断当前的全部自动加工动作并保留现行信息的停止方式。自动运行时,按下操作面板上的进给暂停按键,将自动运行暂停信号(＊SP)设置为0,即进入自动运行暂停状态,如图8-3所示。

地址	#7	#6	#5	#4	#3	#2	#1	#0
G8			＊SP					

图 8-3　自动运行暂停信号

（1）执行只有辅助功能(M、S、T)的程序段时,把该信号置0后,自动运行指示灯灭,进给暂停指示灯亮。由 PMC 输出辅助功能完成信号(FIN),并与单程序段一样,可使程序停止。

（2）在切削螺纹或攻丝循环中,此信号为0时,进给暂停指示灯立刻点亮,如图8-4所示,但机床继续进行加工。在加工结束回到起点后,停止轴移动。

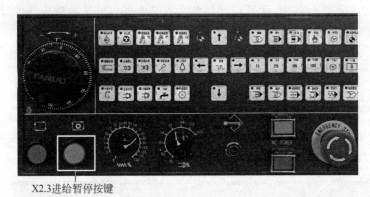

X2.3进给暂停按键

```
  X2.3进给暂停按键                                                            按下X2.3进给暂停按键,
  X0002.3                                                           G0008.5   进入自动运行暂停状态
 ───┤├──────────────────────────────────────────────────────────────○───
```

图 8-4　进给暂停按键

三、自动运行停止

自动运行停止是一种自动执行完全部加工程序,并保留 CNC 状态信息的停止方式,它是由 CNC 自动生成的状态。CNC 进入自动运行停止状态时,CNC 输出的循环启动信号(STL)F0.5 和进给暂停信号(SPL)F0.4 均为0,自动运行状态输出信号(OP)F0.7 保持为1。

（1）在选择单程序段执行指令时,当前程序段执行完成。单程序段的自动停止,可直接通过循环启动信号 ST 继续下一程序段的执行来实现。

（2）MDI 方式运行时,完成了 MDI 输入程序段的执行。

四、CNC 复位停止

CNC 复位停止是一种结束机床当前全部加工动作,并清除 CNC 状态信息的停止方式。CNC 进入复位状态后,CNC 输出的循环启动信号 STL、进给暂停信号 ＊SPL、自动运行状态信号 OP 均为 0。以下几种情况会使 CNC 进入复位停止状态。

（1）将 CNC 的急停输入信号（＊ESP）G8.4 置 0。

（2）CNC 外部复位信号（ERS）G8.7 变为 1。

（3）按下机床 MDI 面板上的复位键（RESET）。

五、单程序段信号（SBK）

单程序段控制方式是指在程序自动运行过程中，机床在执行完一个程序段后停止动作，再次按下循环启动按键，即执行下一个程序段。通过单段控制可以一段一段地执行加工程序，一般用于对加工程序的检查和校验运行轨迹等。

（1）当此信号（SBK）G46.1 为 1，当前自动运行的程序段结束时，自动运行指示灯 STL 灭，进入自动运行停止状态。进入自动运行停止状态后，输入自动运行启动信号 ST 时，执行下一个程序段，如图 8-5 所示。

地址	#7	#6	#5	#4	#3	#2	#1	#0
G46							SBK	

图 8-5　单程序段信号

（2）当系统处于螺纹切削时，单程序段运行不会停止。

在 CK6140 数控车床实训设备操作面板上，是用按键来实现对程序执行的控制的，其中单段功能按键地址是 X0.7，具体程序控制如图 8-6 所示。

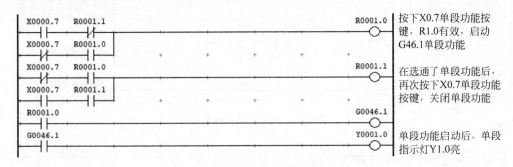

图 8-6　单程序段控制

六、切削进给倍率

（1）自动运行时，切削进给速度值由 F 代码设定，进给轴可以在 0～254％倍率的范围内插补进给，如图 8-7 所示。

地址	#7	#6	#5	#4	#3	#2	#1	#0
G12	＊FV7	＊FV6	＊FV5	＊FV4	＊FV3	＊FV2	＊FV1	＊FV0

图 8-7　切削进给倍率值

（2）参数 1430 设定最大切削进给速度，如图 8-8 所示。加工程序指令的切削进给速度，乘以切削进给倍率后，所得的数值超过此设定值时，将被钳制在该值上。

参数	1430	各轴切削进给最大速度/(mm/min)

图 8-8　切削进给速度最大值

七、机床锁住信号（MLK）

按下机床操作面板上的辅助功能机床锁住键，CNC 输入信号（MLK）G44.1 为 1，机床进入锁住状态，如图 8-9 所示。机床锁住是通过观察 CNC 位置显示的变化，来检查刀具运动轨迹的一种程序模拟方法。机床锁住时，显示屏虽然有坐标轴的位置变化，但机床不产生实际移动。

地址	#7	#6	#5	#4	#3	#2	#1	#0
G44							MLK	

图 8-9　机床锁住信号

在 CK6140 数控车床实训设备操作面板上，是用按键来实现对程序执行的控制的，其中机床锁住按键地址是 X1.5，具体程序控制如图 8-10 所示。

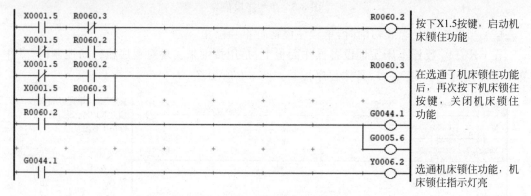

图 8-10　机床锁住程序控制

八、空运行信号（DRN）

空运行是利用空运行进给速度代替程序进给速度的运行方式，通过空运行控制进给速度，可加快切削程序段的移动速度，控制机床安全可靠地运行，是一种最常见的程序检查运行方法。空运行只对自动操作运行方式有效。

（1）按下机床操作面板上的辅助功能空运行键，CNC 输入信号（DRN）G46.7 为 1，如图 8-11 所示。

地址	#7	#6	#5	#4	#3	#2	#1	#0
G46	DRN							

图 8-11　空运行信号

（2）当空运行信号 DRN 为 1 时，不使用程序指令的切削进给速度，而以参数 1410 设定的空运行速度乘以手动进给倍率（∗JV0～∗JV15）所得的速度，控制进给轴移动，如图 8-12 所示。

参数	1410	空运行速度/(mm/min)

图 8-12　空运行速度 1

（3）设定参数 1401 的第 6 位，确定快速移动进给速度 G00 是否使用空运行速度。第 6 位为 0 则快速移动不使用空运行速度，而是以参数 1420 确定的快速移动速度移动；第 6 位为 1 则快速移动速度为空运行速度乘以手动进给倍率后得到的速度，如图 8-13 所示。

	#7	#6	#5	#4	#3	#2	#1	#0
1401		RDR						

图 8-13　空运行速度 2

在 CK6140 数控车床实训设备操作面板上，是用按键来实现对程序执行的控制的，其中空运行按键地址是 X1.4，具体程序控制如图 8-14 所示。

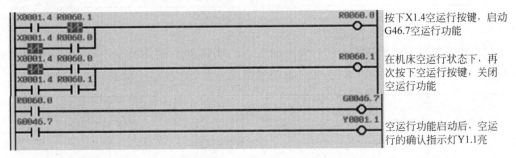

图 8-14　空运行程序控制

九、程序段跳过信号（BDT）

此信号（BDT）G44.0 为 1 时，不执行加工程序前面带"/"的程序段。在加工程序指令为"/N20G00X100.0;"时，把 BDT 信号置为 1，即可跳过此程序段，如图 8-15 所示。

	#7	#6	#5	#4	#3	#2	#1	#0
G44								BDT

图 8-15　程序段跳过信号

在 CK6140 数控车床实训设备操作面板上，程序段跳过按键地址是 X1.0，程序控制思路和单段、机床锁住、空运行的实现是一样的，具体程序控制如图 8-16 所示。

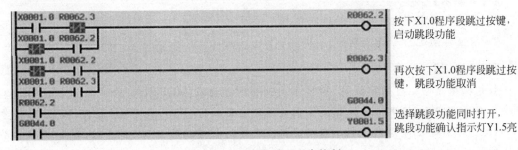

图 8-16　程序段跳过程序控制

十、程序结束(DM30)及外部复位信号(ERS)

(1) 加工程序执行结束时,执行程序结束辅助代码 M30,这时,CNC 输出信号(DM30)F9.4 为 1,如图 8-17、图 8-18 所示。

地址	#7	#6	#5	#4	#3	#2	#1	#0
F9				DM30				

图 8-17　程序结束信号

M02	程序结束	放在程序的最后一段,执行该指令后,主轴停、切削液关、自动运行停,机床处于复位状态	F9.5-M02
M30	程序结束	放在程序的最后一段,除了执行M02的内容外,还返回到程序的第一段,准备下一个工件的加工	F9.4-M30

图 8-18　程序结束程序控制

(2) 外部复位信号(ERS)G8.7 为 1 时,CNC 就变成了复位状态,执行程序结束代码 M30 后,将此信号置 1,CNC 复位,光标返回到程序开头,如图 8-19 所示。

地址	#7	#6	#5	#4	#3	#2	#1	#0
G8	ERS							

图 8-19　外部复位信号

在程序控制中可以用 F9.4 和 F9.5 并联驱动 G8.7,那么执行 M30 和 M02 都可以使 CNC 处于复位状态,表示程序执行结束,具体程序控制如图 8-20 所示。

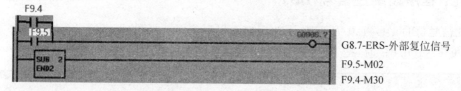

G8.7-ERS-外部复位信号
F9.5-M02
F9.4-M30

图 8-20　外部复位程序控制

任务三　案例分析:自动运行 PMC 程序

【任务要求】

1. 掌握数控车床相关的自动运行信号。

2. 掌握自动运行 PMC 程序。

【相关知识】

数控机床自动运行的前提是,操作方式应选择自动或 MDI 方式,并且输入相应的加工程序。程序选定后,按下机床操作面板上的循环启动按键,PMC 向 CNC 输出循环启动信号 ST(G7.2),ST 的下降沿启动程序自动运行。自动运行启动后,CNC 向 PMC 输出循环启动确认信号,STL(F0.5)变为 1,进给暂停信号 SPL(F0.4)变为 0,信号 STL 可用于控制机床操作面板上的循环运行指示灯,在机床自动循环运行时,该指示灯亮。机床自动加工时,可通过 PMC 向 CNC 输出控制信号来中断或停止自动加工。根据不同的要求,自动运行的停止可以选择进给暂停、自动运行停止和 CNC 复位停止三种方式。

一、自动运行的机床侧 PMC 信号

1. 机床操作面板

CK6140 数控车床实训装置的机床操作面板采用国产三森公司生产的 CNC-0iMA 面板,操作方式采用按键式切换方式,面板正面如图 5-5 所示。机床操作面板输入/输出信号接线如图 5-6 所示。机床自动方式选择键接 X1.2,MDI 方式选择键接 X1.6,辅助功能单程序段选择键接 X0.7,跳段选择键接 X1.0,空运行选择键接 X1.4。机床锁住选择键接 X1.5,可选择停止选择键接 X0.3,循环启动选择键接 X2.2,进给暂停选择键接 X2.3,进给倍率选择开关接 X7.0~X7.4。机床单段确认指示灯接 Y1.0,空运行确认指示灯接 Y1.1,自动方式确认指示灯接 Y1.2,MDI 方式确认指示灯接 Y1.4,跳段确认指示灯接 Y1.5,选择停确认指示灯接 Y6.0,锁住确认指示灯接 Y6.2,循环启动指示灯接 Y0.3,进给暂停指示灯接 Y7.1,如图 8-21 所示。

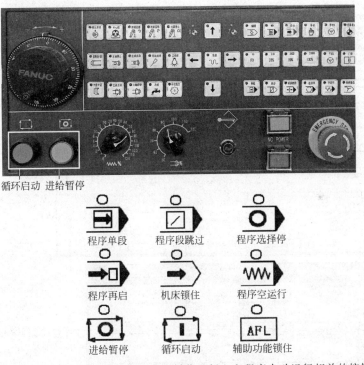

图 8-21 CK6140 数控车床实训装置操作面板上和程序自动运行相关的按键

2. 仿真面板

仿真面板如图 6-13 所示。X 轴正向硬限位开关 SW1 接 X5.0,X 轴反向硬限位开关 SW3 接 X5.2,Z 轴正向硬限位开关 SW4 接 X5.2,Z 轴负向硬限位开关 SW6 接 X5.3。

二、自动运行 PMC 桯序

急停按键及 X 轴、Z 轴硬限位开关都在接通位置,急停信号 G8.4 为 1,CNC 方式确认

输出信号 F3.3 为 1，PMC 输出 Y1.4 为 1，机床操作面板上的 MDI 方式指示灯亮，则机床自动运行。CNC 输入信号 G14.0、G14.1 的 4 种组合用来确定加工程序代码 G00 的快速移动速度。进给轴的插补进给速度由进给倍率开关控制，根据进给倍率输入信号（*FV）的不同状态，利用功能指令 CODB 来实现，即将相应的倍率值添加到 CNC 的输入地址 G12 中。切削进给倍率开关与手动进给倍率开关使用同一个倍率开关。

单程序段选择键接 PMC 输入信号 X0.7，控制 CNC 输入信号 G46.1 的状态。按下键，信号 X0.7 为 1，G46.1 为 1，并保持，PMC 输出 Y1.0 为 1，单段确认指示灯亮；再按一次单段键，X0.7 再为 1，G46.1 变为 0，Y1.0 变为 0，单段确认指示灯灭。同样，程序段跳转、空运行、机床锁住、可选择停止等辅助功能控制 PMC 程序与单程序段编程类同。循环启动按键接 PMC 输入信号 X2.2，按下启动按键时，CNC 输入信号 G7.2 为 1，松手后 G7.2 变为 0，在 G7.2 的下降沿启动程序运行，CNC 输出信号 F0.5 为 1，PMC 输出 Y0.3 为 1，自动运行循环启动指示灯亮。按下进给暂停按键时，CNC 输入信号 G8.5 为 1，机床停止进给，CNC 输出信号 F0.4 为 1，PMC 输出 Y7.1 为 1，进给暂停指示灯亮。

案例分析自动运行 PMC 程序

具体的梯形图程序如图 8-22 所示。

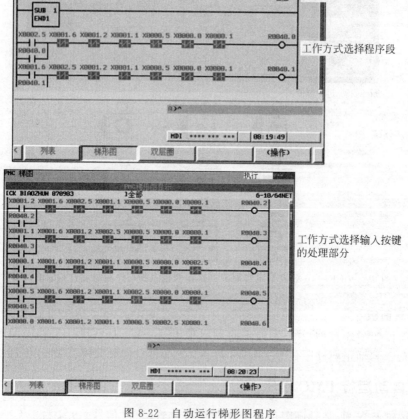

图 8-22　自动运行梯形图程序

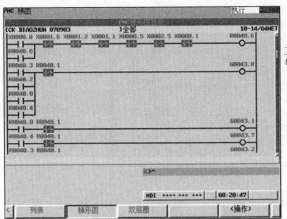

工作方式选择，G43信
号的逻辑关系的建立

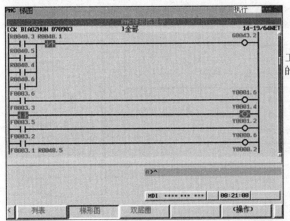

工作方式确认指示灯
的驱动（输出处理）

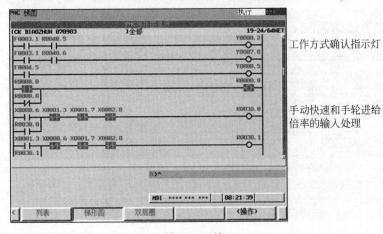

工作方式确认指示灯

手动快速和手轮进给
倍率的输入处理

图 8-22（续）

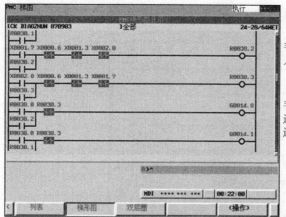

手动快速进给倍率的输入处理

手动快速进给倍率的选通信号G14.0和G14.1的逻辑关系

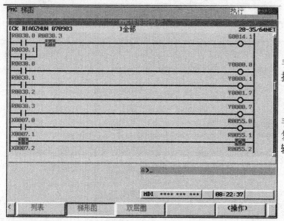

手动快速进给倍率的指示灯

手动和切削进给倍率复用的倍率开关旋钮输入处理

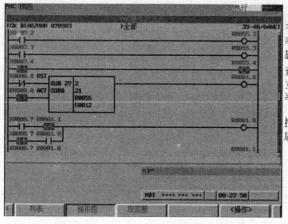

手动和切削进给倍率复用的倍率开关旋钮输入处理

查表指令CODB建立G12切削进给倍率信号

按下X0.7单段按键，启动G46.1单段功能

图　8-22（续）

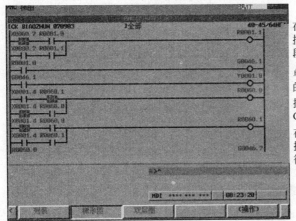

在选通了单段功能后，再次按下X0.7单段按键，关闭单段功能

单段功能启动后，单段按键的指示灯Y1.0亮

按下X1.4空运行按键，启动G46.7空运行功能

在机床空运行状态下，再次按下空运行按钮，关闭空运行功能

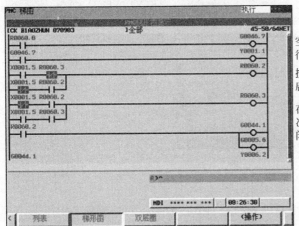

空运行功能启动后，空运行的确认指示灯Y1.1亮

按下X1.5机床锁住按键，启动机床锁住功能

在机床锁住的状态下，再次按下机床锁住按键，关闭机床锁住功能

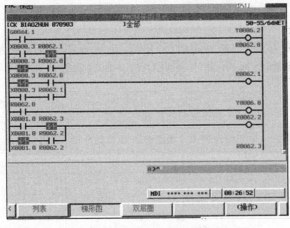

机床锁住功能启动后，机床锁住的确认指示灯亮

按下X0.3选择停，选择停指示灯Y6.0亮

按下X1.0跳段按键，启动跳段功能

图　8-22（续）

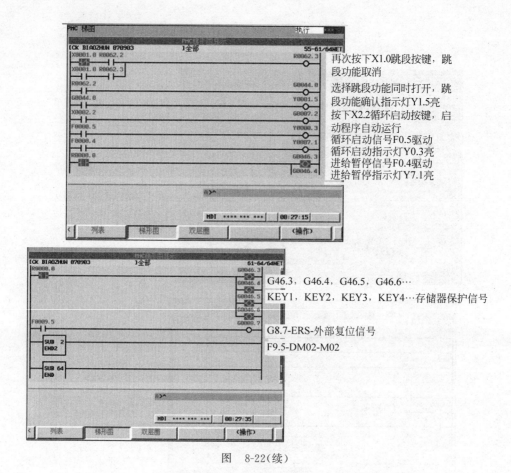

图 8-22(续)

练 习 题

一、填表题

查找实训设备上的程序控制功能,例如自动运行、单段、机床锁住等程序控制功能的输入信号,PMC 程序中用到的中间继电器,功能选通的 G 信号地址和输出指示灯信号地址,并填入表 8-1 中。

表 8-1 程序控制功能表

程序控制功能	输入信号 X 地址	中间继电器 R	功能选通 G 信号地址	输出指示灯 Y 信号地址
自动运行	X2.2	—	G7.2	Y0.3
进给暂停				
单段				
机床锁住				
空运行				
程序跳段				

二、判断题

1. 对于所有的数控机床,开机后,首先要进行返回参考点操作。(   )

2. 当自动运行基本条件满足,程序选定后,可按下操作面板上的循环启动按键,循环启动信号 G7.2(ST)的下降沿,启动程序自动运行。(   )

3. 机床锁住是通过观察 CNC 位置显示的变化,来检查刀具运动轨迹的一种程序模拟方法。机床锁住时,显示屏坐标轴的位置变化,但机床不产生实际移动。(   )

4. 自动运行程序的控制功能,如空运行、机床锁住、可选择停止等辅助功能,控制 PMC 程序与单程序段编程思路类同。(   )

5. "进给保持"的意思是按给定的进给速度保持进给运动。(   )

6. 螺距误差补偿对开环控制系统和半闭环控制系统具有显著的效果,可明显提高系统的定位精度和重复定位精度。(   )

三、选择题

1. 数控机床日常维护中,下列做法不正确的是(   )。

  A. 数控系统支持电池定期更换应在 CNC 断电的状态下进行

  B. 尽量少开电气控制柜门

  C. 在数控系统长期闲置情况下,应该常给系统通电

  D. 定期检查电气控制柜的散热通风工作状况

2. 数控系统的(   )端口与外部计算机连接可以发送或接收程序。

  A. SR-323   B. RS-323   C. SR-232   D. RS-232

3. 按数控系统的控制方式分类,数控机床可分为开环控制数控机床、(   )和闭环控制数控机床。

  A. 点位控制数控机床   B. 点位直线控制数控机床

  C. 半闭环控制数控机床   D. 轮廓控制数控机床

四、操作题

实训设备单段按键的输入地址是 X0.7,此按键上边的单段功能确认指示灯地址是 Y1.0,单程序段信号(SBK)地址是 G46.1,编写程序实现单段功能。按下 X0.7 单段按键,选通单段程序控制功能,再次按下 X0.7 单段按键,关闭单段程序控制功能。

项目九

数控车床的刀架控制

任务一 手动方式换刀控制

【任务要求】

1. 掌握数控车床的手动换刀过程。
2. 掌握四工位电动刀架的手动换刀 PMC 程序。

【相关知识】

回转刀架是数控车床最常见的一种换刀装置,通过刀架的旋转、分度定位来实现机床的换刀。目前普及型的数控车床上最常见的是立式回转的四方电动刀架。根据加工要求,回转刀架可以设计成四方、六方刀架或圆盘式刀架,并相应地安置 4 把、6 把或更多的刀具。回转刀架的换刀动作可分为刀架抬起、刀架转位、刀架锁紧等几个步骤。刀架动作由数控系统发出指令完成。回转刀架根据刀架回转轴与安装底面的相对位置分为卧式回转刀架和立式回转刀架两种。数控车床常见的刀架外形如图 9-1 所示。

(a)卧式回转刀架   (b)立式回转刀架

图 9-1　数控车床常见的刀架外形

一、四方刀架手动换刀控制的过程

在手动方式下,按下操作面板上的手动换刀键,可实现换刀,过程如下。

1. 刀架抬起

刀架电动机与刀架内的蜗杆相连,刀架电动机转动时,与蜗杆配套的蜗轮转动,此蜗轮与一条丝杠为一体，当丝杠转动时会上升，丝杠上升后，使位于丝杠上端的压板上升，即松开刀架。

2. 刀架转位

刀架松开后，丝杠继续转动，刀架在摩擦力的作用下与丝杠一起转动，即换刀。在刀架每个刀位上有一个霍尔传感器，当转动加工位置时，此传感器发出低电平信号，刀架电动机开始反转。

3. 刀架锁紧

刀架只能沿一个方向转动，当丝杠反转时，刀架不能动作，丝杠带着压板向下运动，将刀架锁紧，完成换刀。

二、四工位电动刀架工作原理

1. 刀架换刀原理

数控车床使用的回转刀架是最简单的自动换刀装置，有四工位和六工位两种。回转刀架换刀方式按照工作原理可以分为机械螺母升降转位、十字槽转位等方式，其换刀过程都包括刀架抬起、刀架转位、刀架锁紧等几个步骤。回转刀架必须具有良好的强度和刚性，以承受粗加工的切削力，同时还要保证回转刀架在每次转位的重复定位精度。

在 JOG 方式下进行换刀，主要通过机床控制面板上的手动换刀键来完成，一般是在手动方式下，按下换刀键，刀位即转入下一把刀。刀架在电气控制上，主要包含刀架电动机正反转和霍尔传感器两部分，实现刀架正反转的是三相异步电动机，通过电动机的正反转来完成刀架的转位与锁紧；而霍尔传感器构成刀位传感器，四工位刀架就有 4 个霍尔传感器安装在一块圆盘上，但触发霍尔传感器的磁铁只有一个，每个工位需要一个传感器，刀具在加工位置时，相应的霍尔传感器变为低电平，也就是说，四个刀位信号始终有一个为"0"（低电平有效）。

2. 霍尔元件介绍

霍尔元件是一种磁敏元件。利用霍尔元件做成的开关，称为霍尔开关。当磁性物体靠近霍尔开关时，开关检测面上的霍尔元件因产生霍尔效应而使开关内部的电路状态发生变化，由此识别附近有磁性物体的存在，进而控制开关的通或断。这种开关的检测对象必须是磁性物体。装有霍尔元件的发信盘如图 9-2 所示。发信盘的接线实物图如图 9-3 所示。

刀架转轴上有一块磁铁，相当于刀位"0"位，刀架共有 4 个刀位，每间隔 90°安装一个感应开关，如图 9-3 所示。每当磁铁接近某一个感应开关时，感应开关（NPN 结输出）输出一个低电平信号，并送到 PMC 诊断地址（低电平有效）。霍尔

图 9-2　霍尔元件的发信盘

元件集成到电动刀架中的示意图如图 9-4 所示,每个感应开关有三根接线端,其中 2 号线将刀位信号输入给 PMC 处理,1、3 号线为直流 24V 电源线。

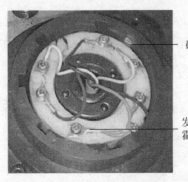

图 9-3   发信盘的接线实物图

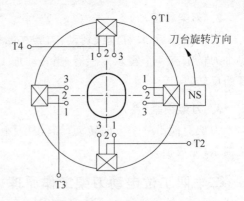

图 9-4   霍尔元件集成到电动刀架中的示意图

手动方式换刀控制

三、案例分析:手动换刀 PMC 程序

1. 机床与 PMC 之间的信号

(1)机床操作面板。CK6140 数控车床实训装置中,机床操作面板采用国产三森公司生产的 CNC-0iMA 面板,操作方式采用按键式切换方式,面板正面如图 5-5 所示。手动方式选择键接 X1.1,手动选刀选择键接 X0.2,手动方式确认指示灯接 Y0.6。

(2)仿真面板。仿真面板如图 2-25 所示。加工位置实际刀号由 4 个指示灯表示,1 号刀具指示灯接 Y3.4,2 号刀具指示灯接 Y3.5,3 号刀具指示灯接 Y3.6,4 号刀具指示灯接 Y3.7。

(3)机床侧信号。对于实际刀号检测霍尔传感器来说,1 号刀接 X3.0,2 号刀接 X3.1,3 号刀接 X3.2,4 号刀接 X3.3。刀架正转 PMC 输出信号接 Y2.0,刀架反转 PMC 输出信号接 Y2.1。当 Y2.0 有输出时,中间继电器 KA6 得电,交流接触器 KM2 得电,刀架电动机正转;当 Y2.1 有输出时,中间继电器 KA7 得电,交流接触器 KM3 得电,刀架电动机反转。电动刀架控制电路及主电路如图 9-5 所示。

2. 手动方式刀架控制 PMC 程序

数控机床刀架由机床 PMC 进行控制。分析车床刀架的控制原理就是分析刀架的整个换刀过程。刀架的换刀过程实质就是通过 PMC 对控制刀架的所有 I/O 信号进行逻辑处理及计算,以实现刀架的顺序控制。另外,为了保证换刀能够正确进行,数控系统一般还要设置一些相应的系统参数来对换刀过程进行调整。手动方式刀架控制流程如图 9-6 所示。

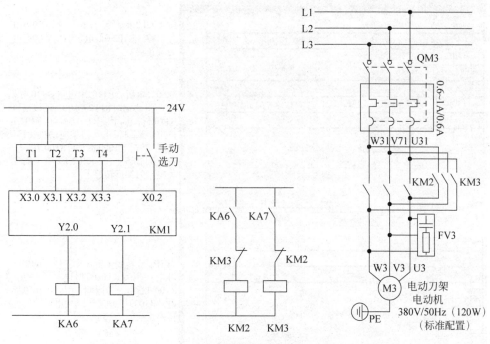

图 9-5　电动刀架控制电路及主电路

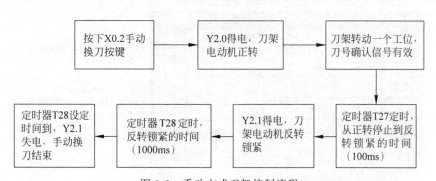

图 9-6　手动方式刀架控制流程

　　在手动方式下,内部继电器 R0.7 为 1。按下 X0.2 手动换刀按键,R101.0 得电并自锁,R102.0 得电,Y2.0 得电,中间继电器 KA6 得电,交流接触器 KM2 得电,电动刀架正转,转到下一个工位时,刀号确认信号变为低电平,R100.6 得电,R100.7 得电一个扫描周期,R100.4 失电一个扫描周期,R101.0 失电,R102.0 失电,Y2.0 失电,交流接触器 KM2 失电,刀架正转停止。Y2.0 由得电变为失电,R110.2 得电一个扫描周期,R110.4 得电并自锁,定时器 T27 开始得电延时,一般设定为 100ms,延时时间到后 R110.5 得电,R110.6 得电并自锁,R102.1 得电,Y2.1 得电输出,中间继电器 KA7 得电并吸合,交流接触器 KM3 得电并吸合,刀架电动机反转锁紧,锁紧时间由定时器 T28 设定,T28 一般设为 1000ms,T28 设定的时间到,R110.7 得电,引发 R110.6 失电,R102.1 失电,Y2.1 失电,刀架电动机停止,手动换刀结束。

　　手动换刀 PMC 程序如图 9-7 所示。

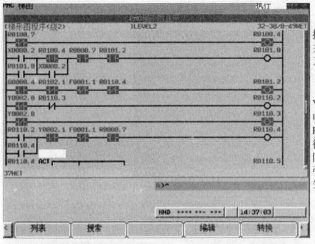

按下X0.2手动换刀按键，R101.0得电并自锁，R102.0得电，引发Y2.0得电，刀架正转

Y2.0失电后，R110.2得电，R110.4得电，驱动定时器T27 100ms延时后，R110.5得电，引发R110.6得电，R102.1得电，Y2.1得电，刀架电动机反转，同时T28定时1000ms，后R100.7得电，引发R110.6失电，R102.1失电，Y2.1失电，刀架反转停止

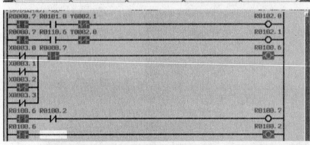

当刀架旋转到了下一个工位，R100.6得电，引发R100.7得电一个周期，R100.4断电一个周期，引发R101.0断电，R102.0失电，Y2.0失电，刀架正转停止

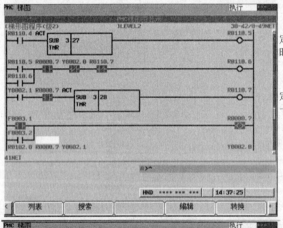

定时器T27设定的刀架正转到反转的时间一般为100ms

定时器T28设定的刀架反转锁紧时间一般为1000ms

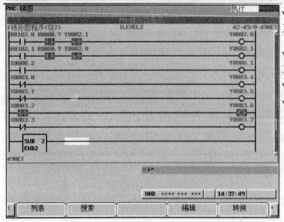

Y2.0得电，KA6得电，引发KM2得电，刀架转位电动机正转

Y2.1得电，KA7得电，引发KM3得电，刀架转位电动机反转

Y6.1为手动换刀指示灯

Y3.4~Y3.7为1号刀位~4号刀位的指示灯

图9-7 手动换刀PMC程序

任务二　自动方式换刀控制

【任务要求】

1. 了解数控车床自动方式下的换刀过程。

2. 掌握四工位电动刀架的自动换刀 PMC 程序。

3. 掌握相关的控制信号的方法。

【相关知识】

数控车床使用的回转刀架是最简单的自动换刀装置,有四工位、六工位和八工位三种,其换刀过程一般为刀架抬起、刀架转位、刀架夹紧并定位等几个步骤。回转刀架必须具有良好的强度和刚性,以承受粗加工的切削力,同时,要保证回转刀架重复定位精度。

一、刀架的自动换刀原理

刀架的电气控制主要包括刀架电动机正反转和霍尔传感器两部分。实现刀架正反转的是普通的三相异步电动机,通过电动机的正反转,完成刀架的转位锁紧。刀位检测器件为霍尔传感器,每个工位需要一个传感器,四工位刀架有四个霍尔传感器安装在一个圆盘上,刀具在加工位置时,相应的霍尔传感器变为低电平。在自动方式或 MDI 方式下,CNC 执行 T 代码程序段,经译码后,将代码信号及 T 代码选通信号输入到 PMC,PMC 执行自动换刀程序。当设定的刀号与实际刀架的位置刀号不一致时,PMC 输出刀架正转信号,这时,刀架电动机正转,刀架抬起并旋转,PMC 检测霍尔传感器的高、低电平;当加工位置的刀号与设定刀号相同时,PMC 发出正转停止信号,然后发出刀架电动机反转信号,刀架锁紧,锁紧完毕后,刀架电动机停止旋转,同时,PMC 向 CNC 输出刀架换刀完成信号,该程序段执行完毕。

数控车床在进行自动换刀时,动作基本同手动换刀相同,但控制流程却相差很大,其数据处理流程如图 9-8 所示。

图 9-8　自动换刀数据处理流程

二、自动换刀时 PMC 和 CNC 之间的信号

(1) TF(F7.3)T 代码选通信号。当执行 T 代码指令时,系统向 PMC 输入 T 代码选通信号,表示 CNC 正在执行 T 指令。在 PMC 编程时,采用此信号作为自动换刀 PMC 程序的必要条件。

(2) T00～T31(F26～F29)信号。数控系统自动计算 T 后面的数字,实际指令的刀号是几位十进制数字,把计算的刀号转换成二进制数后,送到 PMC 输入地址 F26～F29。

(3) FIN(G4.3)是辅助功能、主轴功能、刀具功能等共同的完成信号。T 代码功能也可以使用单独完成信号 TFIN(G5.3)。此信号是否使用,由参数 3001 的第 7 位来设定,为 1 时使用 TFIN 信号,为 0 时不使用 TFIN 信号,使用 G4.3 信号。

执行自动换刀 T 代码时 PMC 和 CNC 之间的信号交互关系如图 9-9 所示。

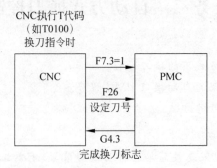

图 9-9　执行自动换刀 T 代码时 PMC 和 CNC 之间的信号交互关系

三、自动换刀 PMC 程序中用到的功能指令

1. 常数定义指令（NUME）

NUME 指令是 2 位或 4 位 BCD 码常数定义指令，指令格式如图 9-10 所示。

图 9-10　NUME 指令

加工位置的实际刀号由霍尔传感器在 X3.0 到 X3.3 上输入，通过 4 个常数定义指令（NUME）送入 R50 中间寄存器。当刀号位于 1 号位置，R50 的值为 1；当刀号位于 2 号位置，R50 的值为 2；当刀号位于 3 号位置，R50 的值为 3；当刀号位于 4 号位置，R50 的值为 4。刀号位置设定如图 9-11 所示。

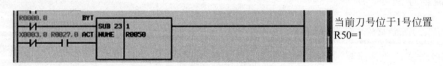

图 9-11　刀号位置设定

2. 数据传输指令（MOVE）

MOVE 指令是把比较数据和处理数据进行逻辑"与"运算，并将结果传输到指定地址，指令格式如图 9-12 所示。

图 9-12　MOVE 指令

在换刀 PMC 程序中会多次用到数据传输指令(MOVE),如把设定的刀号 F26 地址的内容传输到中间寄存器 R53 中,如图 9-13 所示。

图 9-13 MOVE 传输指令

3. 一致性判断指令(COIN)

COIN 指令用来检查参考值与比较值是否一致,可用于检查刀库、转台等是否到达目标位置,指令格式如图 9-14 所示。

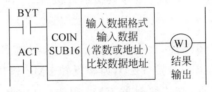

图 9-14 COIN 指令

在换刀 PMC 程序中,用 COIN 指令判断当前刀号和设定刀号是不是一致,一致时 R28.3 置 1,换刀结束,不一致时 R28.3 为 0,驱动刀架正转,如图 9-15 所示。

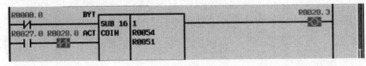

图 9-15 判断刀号是否一致指令

4. 比较指令(COMP)

COMP 指令用来对输入值和基准数据进行比较,比较的数据是 2 位或 4 位 BCD 码,指令格式如图 9-16 所示。

图 9-16 COMP 指令

在换刀 PMC 程序中,用 COMP 指令判断设定的刀号是否大于或等于 5,如果设定的刀号大于或等于 5,R27.6 置 1,引发刀号设定错误的报警,如图 9-17 所示。

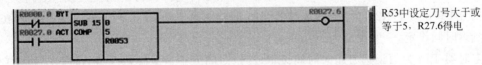

图 9-17 判断刀号是否大于或等于 5 指令

四、案例分析：刀架自动换刀 PMC 程序

1. 机床操作面板

CK6140 数控车床实训装置的机床操作面板采用国产三森公司生产的 CNC-0iMA 面板，操作方式采用按键式切换方式，面板正面参见前面介绍的图 5-3。自动方式选择键接 X1.2，MDI 方式选择键接 X1.6，自动方式确认指示灯接 Y1.2，MDI 方式确认指示灯接 Y1.4。

2. 仿真面板

仿真面板如图 2-25 所示。刀架的加工位置实际刀号由 4 个指示灯表示，1 号刀具指示灯接 Y3.4，2 号刀具指示灯接 Y3.5，3 号刀具指示灯接 Y3.6，4 号刀具指示灯接 Y3.7。

3. 机床侧的信号

实际刀号检测使用霍尔传感器，1 号刀接 X3.0，2 号刀接 X3.1，3 号刀接 X3.2，4 号刀接 X3.3。刀架正转 PMC 输出信号接 Y2.0，刀架反转 PMC 输出信号接 Y2.1。当 Y2.0 有输出时，中间继电器 KA6 得电，交流接触器 KM2 得电，刀架电动机正转；当 Y2.1 有输出时，中间继电器 KA7 得电，交流接触器 KM3 得电，刀架电动机反转。

4. 自动换刀信号流程

数控机床刀架由机床 PMC 来进行控制。刀架的换刀过程实质就是通过 PMC 程序对控制刀架的所有 I/O 信号进行逻辑处理及计算，以实现刀架的顺序控制。另外，为了保证换刀能够正确进行，数控系统一般还要设置一些相应的系统参数来对换刀过程进行控制。自动换刀控制流程如图 9-18 所示。

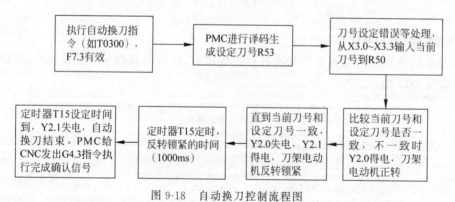

图 9-18　自动换刀控制流程图

5. 自动换刀 PMC 程序

选择自动方式或 MDI 方式时，内部继电器 R0.4 得电。执行自动换刀或 MDI 换刀时，选通信号 F7.3 为 1，R27.0 为 1。定时器 T13 即从选通信号 F7.3 为 1 到刀架正转 PMC 输出的延迟时间设定，一般设定为 100ms。

定时器 T14 为刀架选刀超时时间设定，设定时间大于刀架旋转一周的时间。如果 F7.3 为 1 的时间超过 T14 设定的时间，这时，CNC 发出换刀时间超时报警，同时，刀架停止转动。

经 CNC 译码后期望或设定的刀号,由地址 F26 输入到 PMC,设定的刀号送入 R53。如果设定的刀号大于或等于 5,R27.6 得电,如果设定的刀号是 0,R27.5 得电,这样 R28.0 得电,显示屏显示输入刀号错误报警,终止继续换刀。如果设定的刀号在 1 到 4 之间,R28.0 不得电,加工位置的实际刀号由霍尔传感器送入 R50,通过传送指令送入 R51 内,作为刀架实际刀号。

T 代码指令设定的刀号送入 R54 进行比较,如果设定刀号与刀架实际刀号一致,R28.3 得电,T 代码指令执行结束;如果设定的刀号与刀架实际刀号不一致,则 Y2.0 得电,刀架电动机正转,刀架旋转,当刀架刀号转到与设定的刀号一致时,R28.3 得电,Y2.0 输出为 0,刀架电动机正转停止,R28.6 得电,Y2.1 输出为 1,刀架电动机反转锁紧,经 T15 定时器延时后,R60.3 得电,Y2.1 输出为 0,刀架电动机反转结束。T 代码指令结束信号 G4.3 得电的条件,一是执行 T 代码时,设定刀号与刀架实际刀号相同,二是刀架电动机反转锁紧后,G4.3 得电自动换刀完成。

自动方式换刀控制

自动换刀的 PMC 程序如图 9-19 所示。

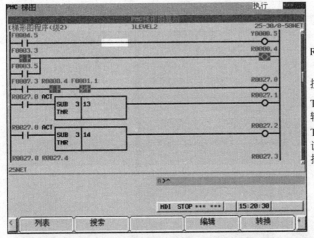

R0.4自动或MDI方式

执行T代码时R27.0得电

T13指程序开始执行到正转的时间（100ms）

T14指最大换刀时间可以设置为10000ms,超时会报警

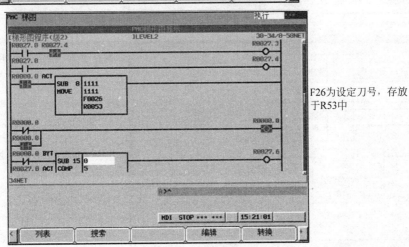

F26为设定刀号,存放于R53中

图 9-19 自动换刀程序

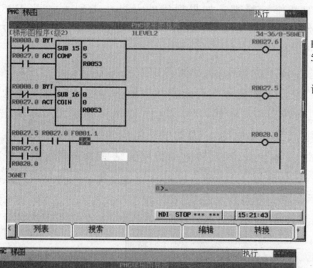

R53中设定刀号大于或等于5，R27.6得电

设定刀号等于0，R27.5得电

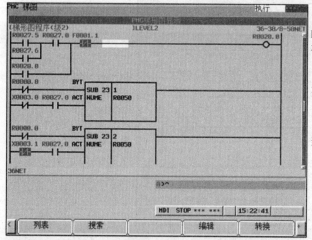

R27.5和R27.6引发R28.0得电，表示刀号设置错误

当前刀号位于1号位置时，R50=1

当前刀号位于2号位置时，R50=2

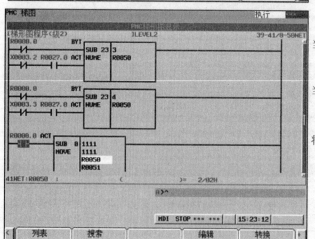

当前刀号位于3号位置时，R50=3

当前刀号位于4号位置时，R50=4

将R50中的当前刀号存放于R51中

图　9-19(续)

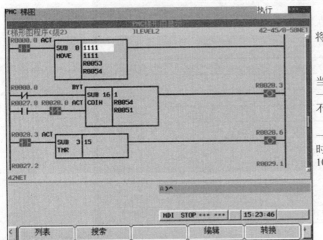

将设定刀号存放于R54中

当前刀号与设置刀号比较，
一致时R28.3=1；
不一致时R28.3=0

一致时，驱动定时器T15定
时T15：反转锁紧时间设为
1000ms

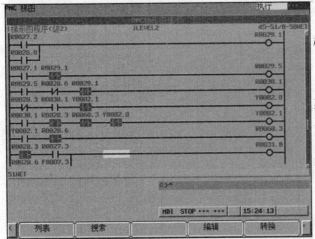

超时或者刀号错误，R29.1得电

刀号不一致又没有问题时，Y2.0
得电，刀架正转
刀号一致后，R28.3得电，Y2.0失
电，同时Y2.1得电
反转锁紧，定时器T15时间到，
R28.6得电，R60.3得电，Y2.1失
电，反转停止，换刀完成

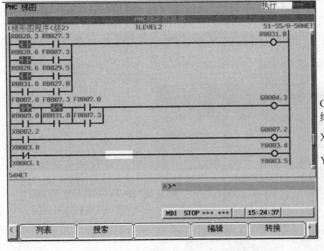

G4.3是换刀完成后的PMC
给CNC的反馈信号

X2.2是循环启动按键

Y3.4~Y3.7是刀号指示灯

图　9-19(续)

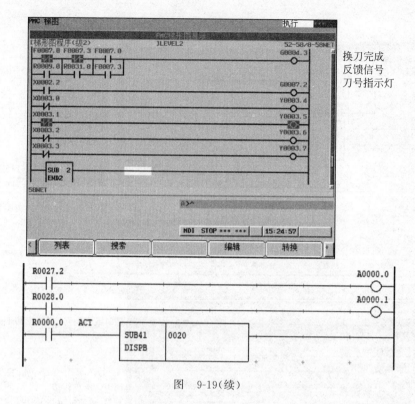

图 9-19(续)

如要编写报警信息,须按下 PMCCNF 功能按键,找到报警信息的编辑界面,编辑和换刀相关的两个报警信息,如图 9-20 所示。

PMCCNF (报警信息编辑)

信息	编辑
A0.0	over time!
A0.1	tool no error!

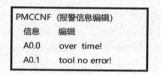

图 9-20 报警信息编辑界面

在定时器设定界面编辑自动换刀用到的三个定时器 T13、T14 和 T15 来设定时间值,如图 9-21 所示。

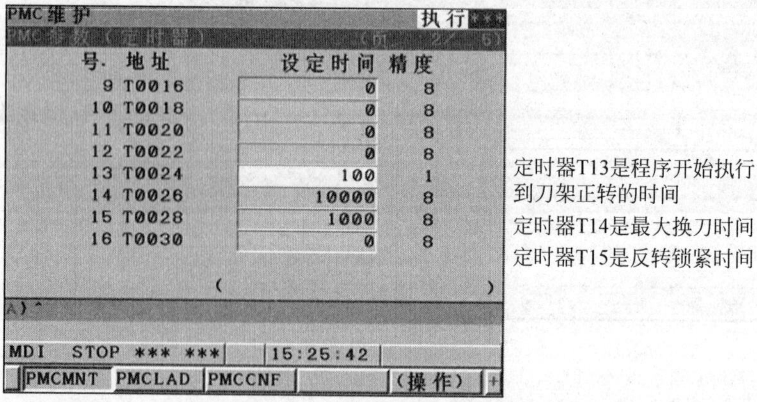

图 9-21 定时器编辑界面

练 习 题

一、判断题

1. 刀位传感器一般由霍尔传感器构成,四工位刀架就有四个霍尔传感器安装在一块圆盘上,但触发霍尔传感器的磁铁只有一个,每个工位需要一个传感器,刀具在加工位置时,相应的霍尔传感器变为低电平。(　　)

2. 自动换刀代码 T 代码选通信号是 TF(F7.0)。当执行 T 代码指令时,系统向 PMC 输入 T 代码选通信号 F7.0 为 1,表示 CNC 正在执行 T 指令。在 PMC 编程时采用此信号作为自动换刀 PMC 程序的必要条件。(　　)

3. 数控机床自动换刀装置与辅助装置由 M 功能控制,M 功能是由机床厂家根据相关标准确定的,因此,不同的机床厂家所用的 M 代码是有区别的。(　　)

4. 为了保证电气柜更好地散热通风,最好经常打开电气柜控制门。(　　)

5. 自动换刀时,刀架锁紧不牢固,可以增加反转锁紧时间定时器中设定的时间值。(　　)

二、选择题

1. 在手动方式下,按下操作面板上的手动换刀键,换刀过程包括(　　)。

    A. 刀架抬起 　　　　B. 刀架转位 　　　　C. 刀架锁紧 　　　　D. 以上都是

2. 数控机床的换刀动作是通过(　　)实现的。

    A. T 代码 　　　　B. M 代码 　　　　C. G 代码 　　　　D. S 代码

3. 分析如图 9-22 所示梯形图的执行,正确的说法是(　　)。

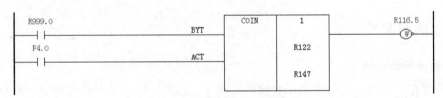

图 9-22 执行梯形图

    A. 当 R122 的数据等于 R147 的数据时,R116.5 为 0

    B. 当 R122 的数据等于 R147 的数据时,R116.5 为 1

    C. 当 R122 的数据小于 R147 的数据时,R116.5 为 1

    D. 当 R122 的数据大于 R147 的数据时,R116.5 为 1

4. 刀架某一位刀号转不停,其余刀位可以正常工作,其原因是(　　)。

    A. 无 24V 电压 　　　　　　　　　　　　B. 无 0V 电压

    C. 此刀位的霍尔元件损坏 　　　　　　　D. 刀架控制信号受干扰

三、操作题

用 FANUC 0i-D 系统,编写 PMC 程序实现自动换刀功能。在自动或者 MDI 方式下运行 T 代码,选择相应的刀号,并且画出自动换刀相关的硬件接线图。

项目十

超程保护及设定

任务一 超程保护的种类及信号

【任务要求】

1. 熟知超程保护的种类。

2. 掌握超程保护的设定方法。

3. 掌握相关的参数及信号。

【相关知识】

坐标轴的超程保护包括硬件超程保护和软限位保护两种。硬件超程保护通过安装行程开关来实现，软限位保护通过设定 CNC 参数来实现。一般而言，软限位只有在返回参考点、机床坐标系设定完成后才能设定。

一、机床限位方式

1. 硬件保护功能

硬件保护功能分为超极限急停和硬限位两种。超极限限位需要通过紧急分断的强电安全电路，直接关闭驱动器电源，进行紧急停机；硬限位可通过 PMC 程序向 CNC 输入行程限位信号，停止指定轴的指定方向移动，并在显示屏上显示报警。

2. 软限位

软限位的作用与硬限位类似，它是 CNC 根据实际坐标轴的位置，自动判别坐标轴是否超程的功能。软限位一般在参考点确定后生效。软限位位置可通过 CNC 参数进行设定，软限位生效后，坐标轴停止减速。

机床限位的相对位置如图 10-1 所示。

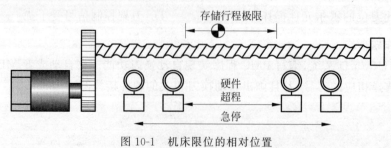

图 10-1　机床限位的相对位置

通常,软限位的位置设定在大于正常加工范围 $1\sim2\mathrm{mm}$ 的坐标位置上;硬限位开关应位于软限位之后;硬限位之后为超极限急停。设置行程保护时,应保证在机械部件产生碰撞与干涉前,坐标轴能够通过紧急制动停止,因此,超极限急停开关的动作位置与坐标轴产生机械碰撞的距离,应大于坐标轴紧急制动停止的距离。

不管是软限位还是硬限位报警,都是为了保证数控机床的运行安全。对数控机床直线轴的两端进行限位控制,是数控机床运动轴必备的安全保护措施之一,其主要功能是将数控机床进给运动限制在安全合理的范围之内。数控机床的软限位控制是以机床参考点为基准,用机床的参数设定轴的运动范围;硬限位控制是数控机床的外部安全措施,是利用行程开关(或接近开关)等硬件条件限定机床进给轴的极限位置。

超程保护的种类及信号

二、超程保护相关的参数

1. 硬件超程功能的设定

参数 3004 的第 5 位用来设定是否使用硬件超程功能。当第 5 位设定为 1 时,不使用硬件超程功能;为 0 时,使用硬件超程功能,如图 10-2 所示。

参数	#7	#6	#5	#4	#3	#2	#1	#0
3004			OTH					

图 10-2 参数 3004 设定

2. 软件超程功能的设定

参数 1300 的第 6 位用来设定参考点确定前软件超程功能是否有效。第 6 位为 0 时,参考点未确认前,软件超程功能有效;为 1 时,参考点未确认前,软件超程功能无效。

3. 软件超程坐标轴的设定

参数 1320 用来设定软件超程坐标轴的正向限位坐标值,参数 1321 用来设定软件超程坐标轴的负向限位坐标值,如图 10-3 所示。

1320	各轴移动范围正极限
1321	各轴移动范围负极限

图 10-3 软件超程坐标轴的设定

如果设定最大值(参数 $1320=99999999$),最小值(参数 $1321=-99999999$),相当于没有软限位保护,行程为无限大。

三、超程信号

1. 超极限急停信号

CNC 直接读取机床侧 PMC 输入信号 X8.4 和 CNC 输入信号 G8.4,两个信号中的任意一个信号为 0 时,进入紧急停止状态。超极限急停信号如图 10-4 所示。

软件信号	#7	#6	#5	#4	#3	#2	#1	#0
地址	G0008				* ESP				

输入信号	#7	#6	#5	#4	#3	#2	#1	#0
地址	X0008				* ESP_1				

图 10-4　超极限急停信号

2. 超程信号

每个轴的正、负两端的限位开关接 PMC 输入,通过 PMC 编程输入到 CNC 的输入地址 G114、G116。X 轴的正向硬限位开关控制 CNC 输入信号 G114.0,X 轴负向硬限位开关控制 G116.0,其他轴类似。这些信号正常状态都为 1,为 0 时,显示屏显示报警号 OT506 或 OT507。在自动运行中,当任意一轴发生超程报警时,所有进给轴都将停止减速。在手动运行中,仅对于报警轴的报警方向不能进行移动,但是可以向相反的方向进行移动。超程信号如图 10-5 所示。

G114.1为0则表示Z轴正向硬超程报警　G114.0为0则表示X轴正向硬超程报警

信号		#7	#6	#5	#4	#3	#2	#1	#0
地址	G0114				*+L5	*+L4	*+L3	*+L2	*+L1
	G0116				*−L5	*−L4	*−L3	*−L2	*−L1

G116.1为0则表示Z轴负向硬超程报警　G116.0为0则表示X轴负向硬超程报警

图 10-5　超程信号

3. 报警信号

CNC 处于报警状态时,显示屏上显示报警信息的同时,CNC 输出信号 F1.0 变为 1。机床一般可以使用该信号鸣响报警器,同时使报警灯点亮。报警信号如图 10-6 所示。

信号		#7	#6	#5	#4	#3	#2	#1	#0
地址	F0001								AL

图 10-6　报警信号

4. 复位信号

CNC 处于复位状态时,CNC 输出信号 F1.1 为 1。复位信号如图 10-7 所示。

软件信号		#7	#6	#5	#4	#3	#2	#1	#0
地址	F0001			* ESP			RST		

图 10-7　复位信号

任务二　案例分析：超程设置及 PMC 程序分析

【任务要求】

1. 掌握软件超程设定的方法。

2. 掌握硬件超程 PMC 设计方法。

【相关知识】

限位控制是数控机床的一个基本安全功能。数控机床的限位分为硬限位、软限位和加工区域限制。硬限位是数控机床的外部安全措施，目的是在机床出现失控的情况下断开驱动器的使能控制信号。在自动运行中，当任意一轴发生超程报警时，所有进给轴都将停止减速。在手动运行中，仅对于报警轴的报警方向不能移动，但可以向相反的方向移动。

一、机床操作面板

CK6140 数控车床实训装置中，机床操作面板采用国产三森公司生产的 CNC-0iMA 面板，操作方式采用按键式切换方式。操作面板上有一个急停按键，该急停按键的常闭触点与进给轴上的超极限限位开关常闭触点串联，接 PMC 输入信号 X8.4。急停控制的硬件接线如图 10-8 所示。

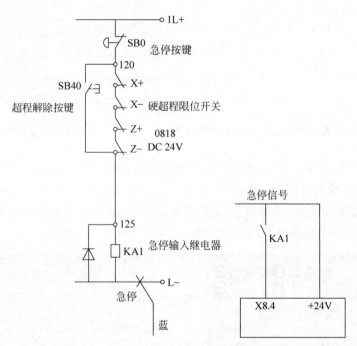

图 10-8　急停控制硬件接线

CK6140 数控车床实训装置采用多触点硬超程开关，其中一路超程信号常闭触点作为超程的输入点位接入 I/O 单示，如图 10-9 所示，另一路超程信号常闭触点接入急停控制回路，如图 10-8 所示，在急停回路线圈的控制电路中串联接入各行程开关的常闭触点，并由超程解除按键控制。当硬超程时也会出现急停报警,这种方式安全性好,但硬件接线较多。硬超程时机床出现硬超程报警的同时出现急停报警,按住超程解除按键机床向超程相反的方向进给,急停报警才能解除。

二、仿真面板

仿真面板如图 2-25 所示。X 轴正向硬限位开关 SW1 接 X5.0,X 轴负向硬限位开关 SW3 接 X5.1,Z 轴正向硬限位开关 SW6 接 X5.3,Z 轴负向硬限位开关 SW4 接 X5.2。X 轴正向硬限位超程指示灯 HL3 接 PMC 输出信号 Y4.2,X 轴负向硬限位超程指示灯 HL4 接 PMC 输出信号 Y4.3,Z 轴正向硬限位超程指示灯 HL6 接 PMC 输出信号 Y4.5,Z 轴负向硬限位超程指示灯 HL5 接 PMC 输出信号 Y4.4。

超程硬限位开关 PMC 输入信号的外部接线如图 10-9 所示。

三、软限位超程设置举例

(1) X 轴负向加工行程坐标为负向 100mm,在软限位参数 1321 中,X 坐标设定为负 100mm,显示界面如图 10-10 所示。

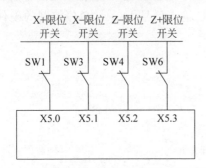

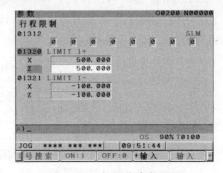

图 10-9　超程硬限位开关 PMC 输入信号的外部接线　　　　图 10-10　软限位参数界面

(2) 手动方式下,按下 X 轴的负向键,X 轴向负方向移动,移动到软限位坐标值时,X 轴停止,显示界面如图 10-11 所示。

(3) 这时,显示屏出现 ALM 报警,查看报警信息为"OT0501 (X)负向超程(软限位 1)"。此时,X 轴不能再向负向移动,只能向正向移动,界面如图 10-12 所示。

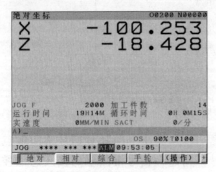

图 10-11　绝对坐标界面　　　　　　　　　　　图 10-12　报警信息界面

在实际机床应用中,软限位的设置步骤如下。

(1) 先使机床回参考点。

(2) 将机床软限位值改为不受限位作用的最大值和最小值,将 1320 设为 999999,1321 设为－999999。

(3) 将需设置限位的轴用 JOG 或手轮方式移动到各轴的限位位置,使轴产生硬限位报警。为了使软限位能在硬限位之前保护,软限位设定值不能超过正、负向硬限位。一般将记录的硬限位机床机械坐标值减去或加上 5～10mm(正向减去,负向加上),设定为 1320 和 1321 参数的值。

(4) 用 JOG 方式移动到软限位的超程点位置,检测软限位超程报警是否发生,验证软限位设置是否正确。

四、硬限位超程举例

1. 硬限位超程出现急停报警的 PMC 程序

硬限位超程 PMC 程序如图 10-9 所示。X 轴正向硬限位开关接 PMC 输入信号 X5.0,X 轴负向硬限位开关接 PMC 输入信号 X5.1,Z 轴正向硬限位开关接 PMC 输入信号 X5.3,Z 轴负向硬限位开关接 PMC 输入信号 X5.2。

设定参数 3004 的第 5 位为 1,硬限位超程生效不使用硬件超程功能,如果有硬限位超程会产生急停报警。在 PMC 中编写如图 10-13 所示程序可以实现硬件超程急停报警功能。在 PMC 程序中将硬限位输入信号和急停信号串联在一起,可将硬限位转化为急停处理。当机床压下硬限位开关后,机床同时出现急停报警,此时只有按下超程解除按键 X4.5,机床才能解除超程报警。

图 10-13　硬限位超程出现急停报警的 PMC 程序

2. 硬限位超程各轴出现硬件超程报警的 PMC 程序

X 轴正向硬限位开关接 PMC 输入信号 X5.0,作为 CNC 硬限位超程输入信号 G114.0 的控制条件;X 轴负向硬限位开关接 PMC 输入信号 X5.1,作为 CNC 硬限位超程输入信号 G116.0 的控制条件;Z 轴正向硬限位开关接 PMC 输入信号 X5.3,作为 CNC 硬限位超程输入信号 G114.1 的控制条件;Z 轴负向硬限位开关接 PMC 输入信号 X5.2,作为 CNC 硬限位超程输入信号 G116.1 的控制条件。此时,参数 3004 的第 5 位要设定为 0。

超程设置及
PMC 程序
分析

PMC 程序界面如图 10-14 所示。

参数 3004 的第 5 位设定为 0,界面如图 10-15 所示。

X 轴正向硬限位超程。将仿真面板上的转换开关 SW1 转到超程位置,PMC 输入信号 X5.0 为 0,CNC 输入信号 G114.0 为 0,显示屏显示报警"OT0506(X)正向超程(硬限位)"。

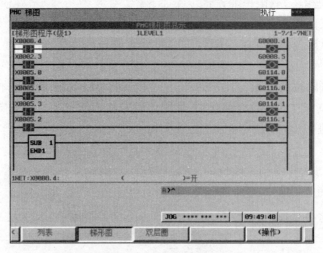

图 10-14　PMC 程序界面

此时,X 轴不能再向正方向移动,只能向负方向移动,界面如图 10-16 所示。

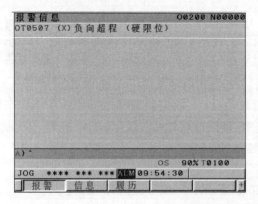

图 10-15　参数 3004 界面

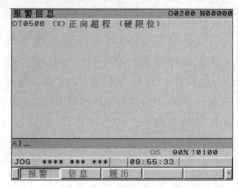

图 10-16　报警信息界面 1

同样,X 轴负向硬限位超程、Z 轴正向硬限位超程的界面如图 10-17 所示。

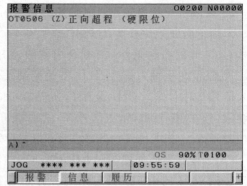

图 10-17　报警信息界面 2

项 目 训 练

一、训练目的

(1) 掌握硬限位的外部电路接线。

(2) 掌握硬限位 PMC 的程序状态。

二、训练项目

(1) 硬限位开关与 PMC 动作连接。

(2) 编写并输入 PMC 程序。

(3) 设定参数。

(4) 在仿真面板上,仿真轴硬限位超程,观察显示屏显示的报警信息,如图 10-18 所示。

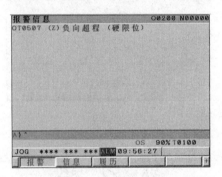

图 10-18　报警信息界面

屏蔽 X 轴伺服示例。

屏蔽 X 轴,参数 1022：X 设定为 0。参数 1023：X 设定为－128,Y 设定为 1,Z 设定为 2。参数 1902♯1 设定为 0。参数 3115 X♯0 设定为 1。

将 CNC 原来连接 X 轴伺服放大器的 FSSB,与 Y 轴放大器连接。切记,X 轴的急停信号及 MCC 信号接到 Y 轴放大器上,如图 10-19 所示。

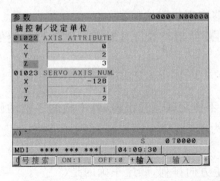
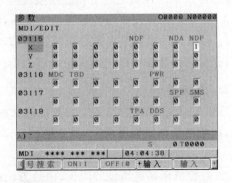

图 10-19　屏蔽 X 轴参数设定

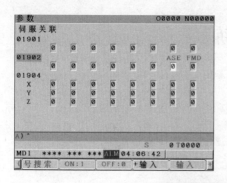
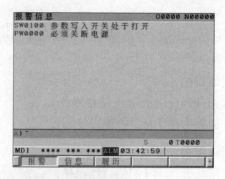

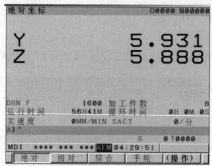

图 10-19(续)

练 习 题

一、判断题

1. 软限位位置可通过 CNC 参数进行设定,其功能是将数控机床进给运动限制在安全合理的范围之内。( )

2. 本课程配套的 CK6140 数控车床实训装置上,为了使机床发生硬超程时出现急停报警,在急停线圈的控制电路中和急停按键上并联接入了各行程开关的常闭触点。( )

3. 数控机床在没有回参考点的方式下,能够实现软限位保护。( )

4. 硬限位的目的是在数控机床进给移动到硬件超程的位置时断开驱动器的使能控制信号,是机床停止进给的进给保护环节。( )

二、选择题

1. FANUC 0i-D 数控系统的数控机床如果不使用硬超程报警,就不检测各轴的硬超程信号,即把硬超程报警屏蔽了,需要把( )设为 1。

　　A. 3003♯2　　　　　B. 1300♯6　　　　　C. 3004♯5　　　　　D. 8131♯0

2. 数控机床某进给轴的限位,由负方向朝正方向排列,顺序正确的是( )。

　　A. 负向硬限位→负向软限位→正向硬限位→正向软限位

　　B. 负向硬限位→正向硬限位→负向软限位→正向软限位

　　C. 负向硬限位→负向软限位→正向软限位→正向硬限位

　　D. 负向软限位→负向硬限位→正向软限位→正向硬限位

3. FANUC 0i-D 系统坐标轴负向行程软限位参数是(　　)。

    A. 1320　　　　　　B. 1321　　　　　　C. 1420　　　　　　D. 1851

4. 当数控系统的正向软限位参数设定为 9999999 时,软限位机能(　　)。

    A. 失效　　　　　　B. 有效　　　　　　C. 最大　　　　　　D. 最小

三、问答题

简述软限位设置与调整的步骤。

四、操作题

硬限位超程 PMC 程序。X 轴正向硬限位开关接 PMC 输入信号 X5.0,X 轴负向硬限位开关接 PMC 输入信号 X5.1,Z 轴正向硬限位开关接 PMC 输入信号 X5.3,Z 轴负向硬限位开关接 PMC 输入信号 X5.2。如图 10-20 所示,设计硬限位控制程序,使机床发生硬限位时产生急停(＊ESP)和硬限位超程两种报警。编写实现该功能的 PMC 程序。

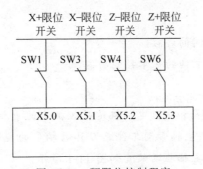

图 10-20　硬限位控制程序

项目十一

数控机床主轴控制

任务一　CNC 与主轴连接及参数设置

【任务要求】

1. 掌握 CNC 与主轴之间的连接。

2. 正确设定参数,调试主轴的基本控制功能。

【相关知识】

数控机床的主轴驱动装置和主轴电动机是数控机床的重要组成部分,主轴驱动是系统完成主运动的动力装置部分,主轴带动工件或刀具做相应的旋转运动,配合进给运动,加工出理想的零件。数控机床的主轴驱动装置如图 11-1 所示。

(a) 数控机床主轴　　　　　　　　　　(b) 铣削加工中心主轴

图 11-1　数控机床的主轴驱动装置

对于数控机床来说,机床主轴是指机床上带动工件旋转的部分,包括主轴、轴承、传动部件及主轴电动机等。数控车床主轴控制通常采用变频器及普通三相异步电动机作为模拟主轴。机床主轴的控制系统为速度控制系统,一般情况下与主轴直连的编码器作为速度测量元件使用。从主轴编码器反馈的信号一般有两个用途:主轴转速显示;螺纹切削加工、恒线速度切削。

CNC 与主轴连接及参数设置

一、主轴控制电路

数控机床的主轴驱动装置根据主轴速度控制信号的不同,分为模拟量控制的主轴驱动装置和串行数字控制的主轴驱动装置两类。在 CNC 中,主轴转速通过 S 指令进行编程控制(如主轴指令 S600 M03),被编程的 S 指令可以转换为模拟电压或数字量输出,因此主轴有利用模拟量输出进行控制(简称模拟主轴)和利用数字量输出进行控制(简称数字主轴或串行主轴)两种控制方式。

模拟量控制的主轴驱动装置采用变频器实现对主轴电动机的控制,主轴电动机采用三相异步电动机。模拟量控制方式下,CNC 自动将 S 指令转换为 0～10V 的模拟电压信号,从 CNC 单元 JA40 接口输出 0～10V 的模拟电压,以控制主轴电动机的转速及转向。CNC 的 JA40 为模拟主轴的给定信号输出接口,JA41 连接主轴编码器。模拟主轴控制连接如图 11-2 所示。

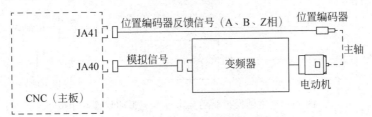

图 11-2　模拟主轴控制连接

串行数字主轴驱动装置采用 FANUC 公司生产的数字驱动装置及伺服电动机。串行数字控制装置的给定转速及实际转速等信号由 CNC 端口 JA41 输出。位置编码器的输出信号直接连接到串行数字控制装置上。串行数字主轴驱动方式下,由 CNC 单元输出的控制指令(数据)来控制主轴电动机的转速及转向,转向控制也由相应的参数决定。串行数字驱动装置的连接如图 11-3 所示。

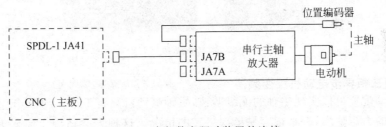

图 11-3　串行数字驱动装置的连接

主轴模拟驱动及串行数字驱动装置的连接如图 11-4 所示。

二、主轴传动配置形式

主轴传动配置形式主要包括普通三相异步电动机配齿轮变速箱、普通三相异步电动机配变频器、三相异步电动机配齿轮变速箱及变频器、伺服主轴驱动系统和电主轴。具体介绍如下。

1. 普通三相异步电动机配齿轮变速箱

这是最经济的一种主轴配置方式,但只能实现有级调速,由于电动机始终工作在额定转速下,经齿轮减速后,在主轴低速下输出力矩大,重切削能力强,非常适合粗加工和半精加工的要求。普通三相异步电动机配齿轮变速箱如图 11-5 所示。

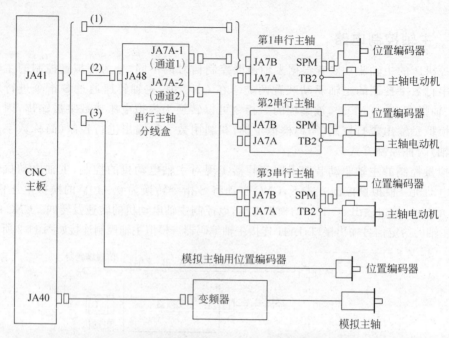

图 11-4　主轴模拟驱动及串行数字驱动装置的连接

图 11-5　普通三相异步电动机配齿轮变速箱

2. 普通三相异步电动机配变频器

这种传动配置可以实现主轴的无级调速，主轴电动机只有工作在约 500r/min 以上才能有比较满意的力矩输出，否则很容易出现堵转的情况。这种方案适用于需要无级调速但对低速和高速都不要求的场合。普通三相异步电动机配变频器如图 11-6 所示。

图 11-6　普通三相异步电动机配变频器

3. 三相异步电动机配齿轮变速箱及变频器

这种配置配合两级齿轮变速，基本上可以满足车床低速（$100\sim200\text{r/min}$）小加工余量的加工，但同样受电动机最高速度的限制，是目前经济型数控机床比较常用的主轴驱动系统。三相异步电动机配齿轮变速箱及变频器如图 11-7 所示。

图 11-7　三相异步电动机配齿轮变速箱及变频器

4. 伺服主轴驱动系统

伺服主轴驱动系统具有响应快、速度高、过载能力强的特点，还可以实现定向和进给功能，当然价格也是最高的，通常是同功率变频器主轴驱动系统的 2 倍以上。伺服主轴驱动系统主要应用于加工中心，用以满足系统自动换刀、刚性攻丝、主轴 C 轴进给功能等对主轴位置控制性能要求很高的加工。伺服主轴驱动系统如图 11-8 所示。

图 11-8　伺服主轴驱动系统

5. 电主轴

电主轴是主轴电动机的一种结构形式，驱动器可以是变频器或主轴伺服，也可以不要驱动器。电主轴由于电动机和主轴合二为一，没有传动机构，因此，大大简化了主轴的结构，并且提高了主轴的精度，但是抗冲击能力较弱，而且功率还不能做得太大，一般在 10kW 以下。由于结构上的优势，电主轴主要向高速方向发展，一般在 10000r/min 以上。电主轴如图 11-9 所示。

图 11-9　电主轴

三、模拟主轴参数设定

（1）使用模拟主轴时，将参数 3716♯0 设定为 0，参数 3717 设定为 1。参数 3716♯0（A/S）用来设置主轴电动机的种类，0 为模拟主轴，1 为串行主轴。参数 3717 用来设置各主轴的主轴放大器号。

（2）数控机床要进行每转进给和螺纹切削，需要连接主轴位置编码器。通过主轴位置编码器，对实际的主轴旋转速度以及一转信号进行检测。根据使用的主轴位置编码器设定主轴编码器的脉冲数，参数 3720 设定主轴编码器的一转脉冲数，比如实训设备上设定参数 3720 主轴编码器的脉冲数为 4096。在主轴编码器与主轴之间有传动比时，主轴编码器侧齿数设定在参数 3721 中，主轴侧齿数设定在参数 3722 中。

（3）主轴额定转速为 CNC 输出模拟给定电压 10V 对应的主轴转速，也就是主轴的额定转速，该转速设定在参数 3741 中。例如，3741 设定为 2000，当程序执行 S1000 时，JA40 上输出电压为 5V。

（4）速度误差的调整。当主轴的实际转速与理论速度存在误差时，往往是由于主轴倍率不正确或者是 CNC 模拟输出电压存在零点漂移。如果是后者的原因，可通过参数 3730 进行调整。

将给定转速设定为主轴的额定转速，如主轴的额定转速为 1500rpm。输入指令 M03S1500，测量 JA40 输出端电压，调整参数 3730，将参数 3730 设定为标准值 1000。输入指令 M03S1500，测量此时输出电压，在参数（No.3730）中设定下式的值，设定值＝[10V/测量电压]×1000。在设定完参数后，再次指定 10V 所对应的主轴速度，确认输出电压已被设定为 10V，完成主轴速度误差的调整。

（5）主轴控制电压极性参数。系统提供的主轴模拟控制电压必须与连接的变频器的控制极性相匹配。当使用单极性变频器时，可通过参数 3706♯7（TCW）、3706♯6（CWM）来控制主轴输出的电压极性（一般采用默认设置即可，也就是 3706♯7、3706♯6 都为 0）。主轴速度输出时的电压极性，按照表 11-1 所示设定。

表 11-1　主轴速度输出时的电压极性逻辑关系表

TCW	CWM	电压的极性
0	0	M03、M04 均为正
0	1	M03、M04 均为负
1	0	M03 为正，M04 为负
1	1	M03 为负，M04 为正

模拟主轴相关的参数设定示例如表 11-2 所示。

表 11-2 模拟主轴相关的参数设定示例

参 数 号	设 定 值	含 义
3716#0	0	主轴电动机的种类,0 为模拟主轴,1 为串行主轴
3717	1	各主轴的主轴放大器号
3720	4096	主轴编码器的脉冲数(和主轴编码器有关)
3721	位置编码器齿侧数:1	主轴编码器与主轴之间有传动比
3722	主轴齿侧数:1	主轴编码器与主轴之间有传动比
3730	1000	速度误差的调整参数
3741	2000	CNC 发出 10V 直流电压对应主轴转速

四、和主轴控制相关的 PMC 与 CNC 之间的信号

主轴急停信号为 G71.1,G71.1 信号低电平有效,G71.1 为 0 时,主轴急停。主轴停止信号为 G29.6,G29.6 信号低电平有效,G29.6 为 0 时,主轴停止。主轴倍率为 G30,主轴正转为 G70.5,主轴反转为 G70.4。主轴控制 PMC 与 CNC 之间的信号含义如表 11-3 所示。

表 11-3 主轴控制 PMC 与 CNC 之间的信号含义

信 号	含 义
G71.1*	主轴急停信号(低电平有效)
G29.6*	主轴停止信号(低电平有效)
G30	主轴倍率信号
G70.5	主轴正转信号
G70.4	主轴反转信号
G70.7	机床准备好信号(1 有效)
G70.6	主轴定向信号
G29.4	主轴转速到达信号

任务二 模拟主轴控制

【任务要求】

1. 根据电气原理图,结合实训设备,分析主轴的控制原理。

2. 学会进行主轴自动、手动 PMC 程序的设计。

【相关知识】

数控机床的主轴需要进行速度控制,以满足不同加工工艺的要求。主轴速度控制方式包含 CNC 控制方式和 PMC 控制方式,体现在操作上,一般就是自动方式和手动方式。主轴速度 CNC 控制方式是数控机床常用的自动控制方式,由系统 CNC 加工程序的 S 代码指定的速度值决定,可以通过机床操作面板上的主轴倍率开关进行修调。主轴速度 PMC 控制方式是将主轴速度通过 PMC 程序进行处理,主要用于主轴点动或手动状态下主轴的正、反转控制。

一、模拟主轴控制电路

使用模拟主轴时,主轴驱动器为西门子 V20 变频器,主轴电动机为普通三相异步电动机。主轴转速设定由 CNC 系统的 JA40 端口输出 0~10V 的直流电压来控制。

主轴的正反转控制步骤为:用 PMC 输出信号 Y2.5、Y2.6 控制中间继电器 KA11、KA12 的线圈。由 KA11、KA12 的触点控制变频器的正反转输入端子,实现主轴的正反转。变频器(西门子 V20 系列)的外部接线及 PMC 控制电路如图 11-10 和图 11-11 所示。

(a) 模拟主轴电动机

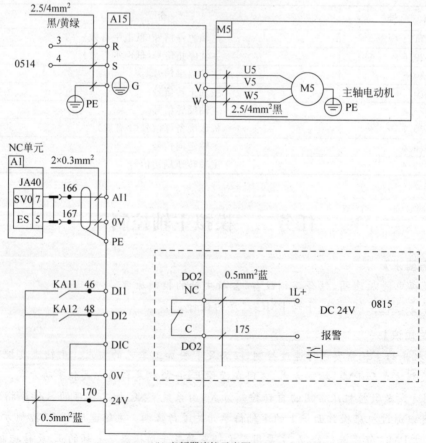

(b) 变频器连接示意图

图 11-10　变频器的外部接线图

图 11-11 PMC 控制电路

二、模拟主轴变频器调速系统

1. 变频器组成

主轴变频驱动系统主要包括 CNC 或伺服驱动器的主轴控制部分、变频器、三相异步电动机。和交流伺服系统相比，变频系统只有速度环和电流环，没有位置环，因此变频系统只能实现调速而不能进行位置控制。变频器控制框图如图 11-12 所示。

市场上的通用变频器产品很多，如西门子的 Micro Master4 和 V 系列、日立 L100 系列、三菱的 FR- 系列等。变频器外形如图 11-13 所示。

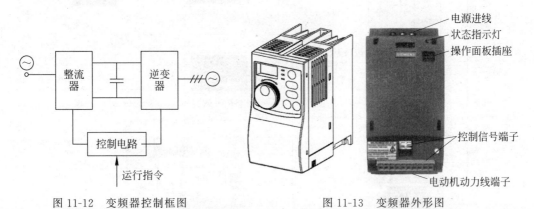

图 11-12 变频器控制框图   图 11-13 变频器外形图

2. 主轴变频器外部连接

（1）变频器与 CNC 系统的连接。CNC 系统接口 JA40 输出主轴变频器给定转速，控制信号为直流 0～10V 的模拟电压，接口 JA41 接收主轴编码器输入的实际转速及一转信号，PMC 输出控制主轴电动机的旋转方向。变频器与 CNC 系统连接如图 11-14 所示。

（2）变频器主电路连接。变频器主电路连接如图 11-15 所示，这里熔断器的作用为主电路短路保护，滤波器的作用是防止高次谐波的干扰，电抗器的作用是防止浪涌电流产生。

（3）控制信号的连接。在数控机床主轴驱动系统中，变频器接收 CNC 或伺服放大器主轴模块的指令信号（模拟电压），另外，数控系统或 PMC 发出控制主轴正反转的信号给变频器。西门子变频器 V10 外部接线如图 11-16 所示。中间继电器 KA3 的动合触点闭合时，主轴电动机正转；中间继电器 KA4 的动合触点闭合时，主轴电动机反转；两触点都不闭合时，主轴电动机停止。

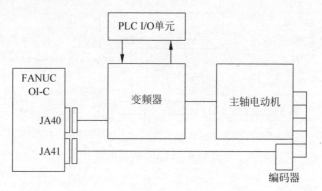

图 11-14　变频器与 CNC 系统连接

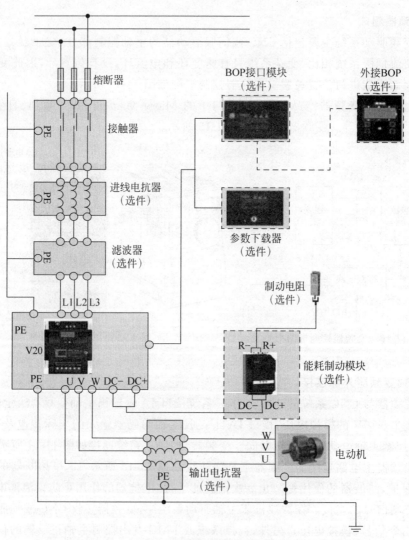

图 11-15　变频器主电路连接

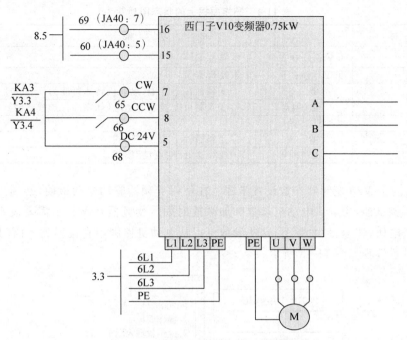

图 11-16 西门子变频器 V10 外部接线

3. 主轴变频器参数设置

在完成正确的连接之后,需对数控系统及变频器作正确的配置。首先在数控系统中设置主轴有关参数,然后设置变频器参数。变频器在使用中能否满足传动系统的要求,其参数的设置非常重要,如果参数设置不正确,会导致变频器不能正常工作。下面介绍西门子 V20 变频器的参数设置。

(1) 西门子 V20 变频器操作面板。西门子 V20 变频器操作面板如图 11-17 所示。

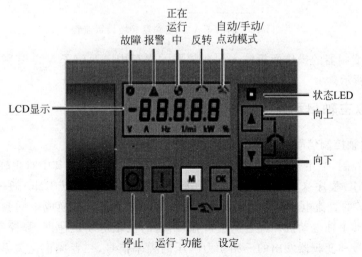

图 11-17 西门子 V20 变频操作面板

操作面板上的状态图标功能如表 11-4 所示。

表 11-4 操作面板上的状态图功能

图　标	功　　能	
❽	变频器存在至少一个未处理故障	
⚠	变频器存在至少一个未处理报警	
🜨	🜨	变频器在运行中（电动机转速可能为 0r/min）
	🜨（闪烁）	变频器可能被意外上电（如霜冻保护模式时）
↰	电动机反转	
⟳	⟳	变频器处于"手动"模式
	⟳（闪烁）	变频器处于"点动"模式

（2）西门子 V20 变频器参数设置步骤。在使用变频器驱动电动机前，必须先进行快速调试。快速调试前，需确认电动机参数和加减速时间。变频器在参数中需要设定电动机的功率、电流、电压、转速、最大频率，这些参数可以从电动机铭牌中直接得到。西门子 V20 变频器参数设置流程如图 11-18 所示。

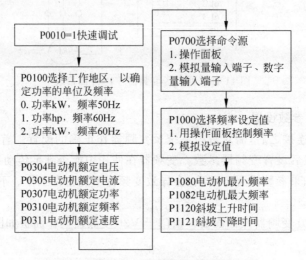

图 11-18 西门子 V20 变频器参数设置流程

参数通过变频器的操作面板输入到变频器的内存中。西门子 V20 变频器参数输入流程如图 11-19 所示。

三、模拟主轴自动运行的 PMC 程序

1. 模拟主轴控制信号关系

模拟主轴控制，对主轴电动机有速度和转向两个方面的控制，其中对主轴电动机速度的控制不需要 PMC 程序来实现，是通过硬件接线实现的。数控系统 CNC 通过 JA40 接口发出一个 0～10V 的直流电压信号给变频器，变频器把这个信号转换成不同频率的三相动力电压信号来驱动主轴电动机。经过测量可知，给定的主轴电动机速度、数控系统 CNC 发出的直流电压信号和变频器发出的三相动力电压的频率信号，三者成正比关系。模拟主轴电动机速度控制信号关系如图 11-20 所示。

数控系统通过变频器对主轴电动机转向的控制是通过 PMC 程序实现的。当数控系统 CNC 执行主轴指令，比如执行 M03S600 时，CNC 会给 PMC 发出两个信号，一个是 F7.0 为

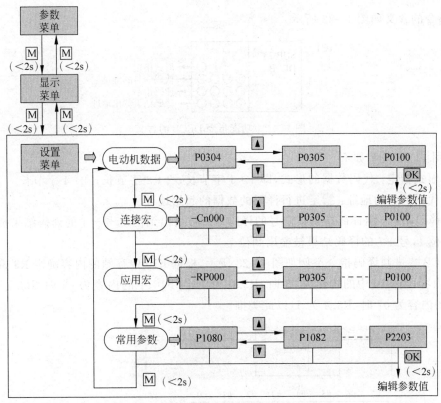

图 11-19　西门子 V20 变频器参数输入流程

图 11-20　模拟主轴电动机速度控制信号关系

1,表示当前在执行 M 代码,F7.0 是执行 M 代码的标志。另一个是 F10,F10 是存放 M 代码的寄存器,用来存放 M 代码的二进制数据,比如当执行 M03S600 时,F10 的内容为 03 的二进制 00000011。PMC 根据 F 信号的条件和控制关系输出 Y2.5 得电,Y2.5 驱动中间继电器 KA11 得电,使主轴电动机正转。当执行完主轴代码,PMC 会给 CNC 反馈一个完成信号 G4.3。模拟主轴电动机转向控制信号关系如图 11-21 所示。

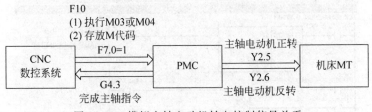

图 11-21　模拟主轴电动机转向控制信号关系

2. DECB 二进制译码指令

模拟主轴自动运行的 PMC 程序用到了一个典型的功能指令,即 DECB 二进制译码指令,该指令的含义如图 11-22 所示。

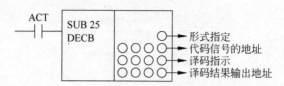

图 11-22 功能指令 DECB 的含义

对图 11-22 说明如下。

- 形式指定:代码数据的形式,即 1:1 字节长;2:2 字节长;4:4 字节长。
- 代码信号的地址:指定进行译码的数据的起始地址。
- 译码指示:由译码指示指定号的译码结果被输出到位 0,号+1 的译码结果被输出到位 1,号+7 的译码结果被输出到位 7。

DECB 二进制译码指令举例如图 11-23 所示,根据 F10 中存储的内容确定 R3 寄存器各个位的内容,当 F10 中的内容为 03 时,R3.0 为 1,当 F10 中的内容为 04 时,R3.1 为 1,当 F10 中的内容为 07 时,R3.4 为 1,以此类推。

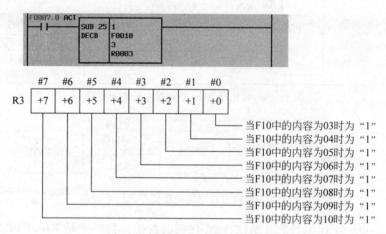

图 11-23 DECB 二进制译码指令举例

3. 模拟主轴自动运行的 PMC 程序

模拟主轴自动运行的 PMC 程序,如图 11-24 所示。

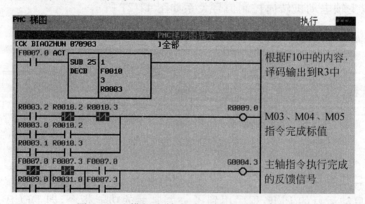

图 11-24 模拟主轴自动运行的 PMC 程序

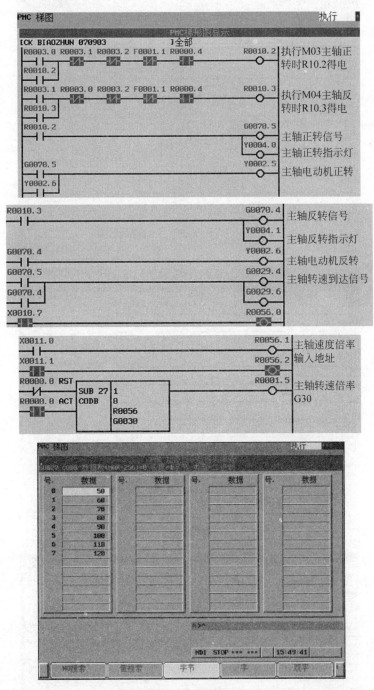

图 11-24(续)

四、模拟主轴手动控制的 PMC 程序

模拟主轴手动控制的 PMC 程序,如图 11-25 所示。

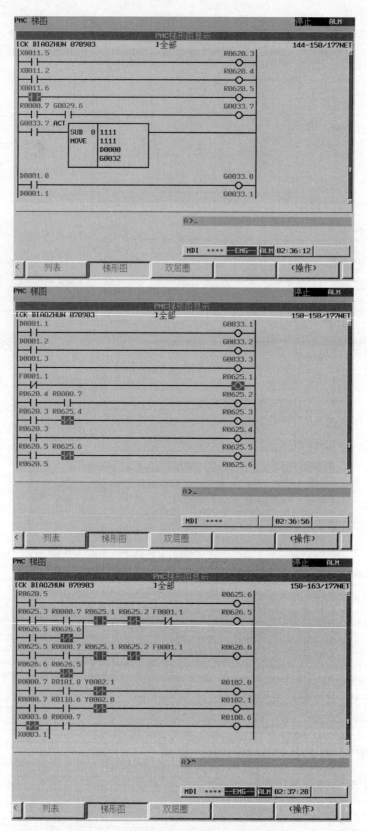

图 11-25　模拟主轴手动控制的 PMC 程序

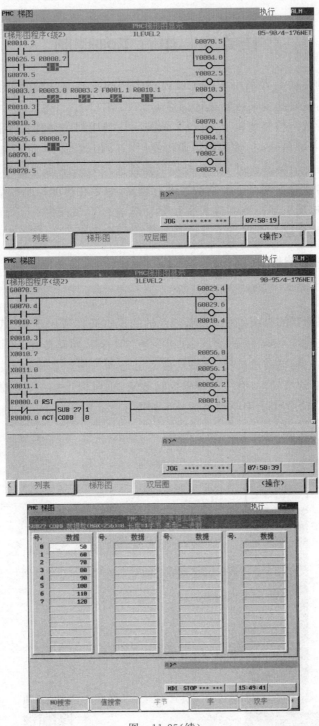

图 11-25（续）

模拟主轴控制

任务三　串行主轴控制

串行数字主轴驱动装置采用 FANUC 公司生产的数字驱动装置及伺服电动机。串行数字控制装置的给定转速及实际转速等信号由 CNC 端口 JA41 输出，位置编码器的输出信号直接连接到串行数字控制装置上，串行主轴控制是利用网络通信的手段实现主轴控制功能的。在 FS-0iC/D 系统中，主轴的网络通信使用 I/O Link 总线，而 FS-0i-F Plus 数控系统连接 αi-SPM，主轴驱动器是通过 FSSB 光缆回路传递信号来驱动主轴电动机旋转的。主轴速度通过电动机传感器反馈至主轴驱动器进行控制，如果在速度控制的基础上，有主轴位置控制要求，也可以追加主轴检测器接入主轴驱动器进行反馈控制。下面我们以 αi-SPM 主轴驱动器为例，简略介绍一下串行主轴控制系统。

一、串行主轴控制电路

1. 主轴驱动器

以下对主轴驱动器的介绍以 αi 为例，涉及的知识点同样适用于 βi-SVSP 系列。主轴驱动器接收来自数控系统 CNC 的速度指令（指令通过 FSSB 回路传递，不同于以前的主轴串行通信回路），驱动主轴电动机旋转，主轴速度通过电动机传感器反馈至主轴驱动器进行控制，如果在速度控制的基础上，有主轴位置控制要求，也可以追加主轴检测器接入主轴驱动器进行反馈控制。αi-SPM 主轴驱动器的外形如图 11-26 所示。

—控制电源&通信

—FSSB光纤通信

—电机传感器反馈
—主轴检测器反馈

图 11-26　αi-SPM 主轴驱动器的外形　　　　串行主轴控制

除了主轴与数控系统 CNC 通信报警外，其他检测到的主轴硬件或软件报警可以通过主轴数码管的数字显示。不同于伺服数码管，主轴数码管还可以配合黄色 LED 指示灯，显示主轴的故障数字。主轴数码管是双位数码管,位于主轴驱动器上部,可以显示数字 0～9 和字符 A～Z,在数码管左边,配有绿、红、黄三色的 LED 灯。主轴驱动器数码管可以显示主轴与 CNC 通信报警以外的报警数字或字符,包括主轴硬件和软件的故障,并通过与 CNC 的通信回路,将报警信息传递到 CNC 界面上以 9XXX 报警号进行显示(XXX 数字即为数码管显示数字或字符),并中断机床的运行。主轴驱动器数码管显示如图 11-27 所示。

图 11-27　主轴驱动器数码管显示

2. 主轴驱动器上电

机床总电源接通,通过电源单元模块的 CXA2A 连接至主轴驱动器的 CXA2B(如果有下一级的伺服,则由该伺服的 CXA2A 接续输出),作为主轴驱动器控制回路得电,数码管亮,随后接通 CNC 控制器电源,通过 FSSB 光纤 COP10A-COP10B 与主轴建立通信,主轴数码管变为"—"亮。CXA2A-2B 连线如图 11-28 所示。

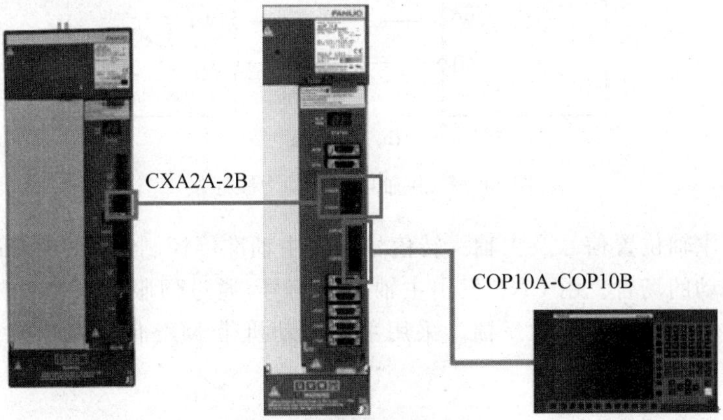

CXA2A-2B

COP10A-COP10B

图 11-28　CXA2A-2B 连线

3. 主轴电动机动力线

主轴电动机动力线有两种连接方式,一种为插头连接,通常对应小规格主轴电动机,一种为端子连接。两种方式,无论哪种都和伺服电动机动力线连接一样,必须遵循 U/V/W 与电动机端对应连接的原则,否则主轴电动机不能正常运转。主轴电动机动力线连接如图 11-29 所示。

4. 主轴检测器反馈连接

主轴检测器有电动机端反馈和主轴端反馈两种,速度反馈必须使用电动机端反馈,而位置反馈则可以根据主轴传动结构,选择任意一种。电动机端反馈连接至 JYA2,主轴端反馈根据检测器信号类型可连接至 JYA3 或 JYA4。在进行位置控制时,需要主轴端加装位置检测器,除了进行速度控制反馈,也在特定的情况下进行位置控制,如换刀时执行的主轴定向,加工中的刚性攻丝、镗孔以及在车削中心中的 Cs 轴控制等。

位置编码器有以下几类连接。

(1)采用主轴电动机带 MZi 传感器实现主轴准停控制。利用主轴电动机内装传感器发

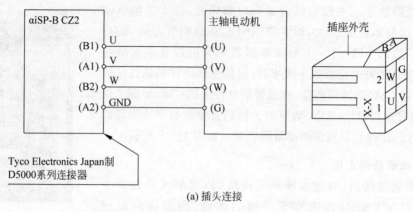

(a) 插头连接

(b) 端子连接

图 11-29　主轴电动机动力线连接

出的主轴速度、主轴位置信号及主轴一转信号实现主轴准停控制,这种方式适合主轴电动机与主轴 1∶1 传动的场合。由 CNC 发出主轴准停信号,通过伺服放大器 JYA2 进行主轴位置、主轴速度及主轴一转信号的反馈。采用主轴电动机带 MZi 传感器连接方式如图 11-30 所示。

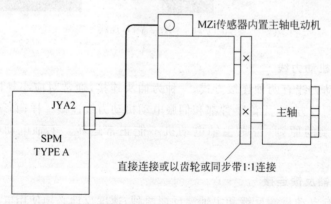

图 11-30　采用主轴电动机带 MZi 传感器连接方式

(2) 采用外接主轴独立编码器实现主轴准停控制。利用与主轴电动机 1∶1 连接的编码器实现主轴准停控制,这种方式适合主轴电动机与主轴任意传动比的场合。由 CNC 发出主轴准停信号,通过伺服放大器 JYA2 进行主轴电动机闭环电流矢量控制,JYA3 进行主轴位置、主轴速度及主轴一转信号的反馈。采用外接主轴独立编码器实现主轴准停控制连接如图 11-31 所示。

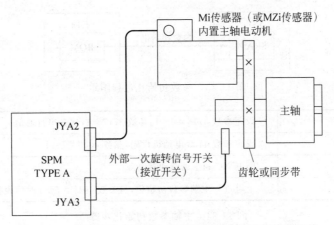

图 11-31 采用外接主轴独立编码器实现主轴准停控制连接

（3）采用外接接近开关实现主轴准停控制。利用外接接近开关发出主轴一转信号实现主轴准停控制,这种方式适合主轴电动机与主轴任意传动比的场合。由 CNC 发出主轴准停信号,通过伺服放大器 JYA2 进行主轴位置、主轴速度及 JYA3 进行主轴一转信号的反馈。采用外接接近开关实现主轴准停控制连接如图 11-32 所示。

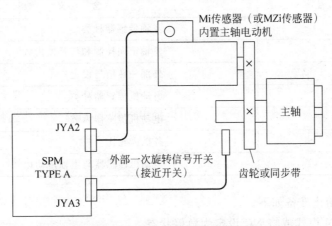

图 11-32 采用外接接近开关实现主轴准停控制连接

二、串行主轴参数初始化

使用串行主轴时需要设置相关的参数,8133♯5 SSN 设定为 0;8133♯5 SSN 用来设定是否使用主轴串行输出,0 为使用,1 为不使用;参数 A/S(3716♯0)设定为 1;参数 3717 设定为 1;参数 3716♯0(A/S)用来设置主轴电动机的种类,0 为模拟主轴,1 为串行主轴;参数 3717 设置各主轴的主轴放大器号。

像伺服一样,主轴参数也可以通过初始化进行标准参数的设定,不同的是,主轴参数初始化,是将存放在主轴驱动器上的参数载入到 NC 上,因此初始化时必须带着主轴驱动器。参数初始化过程如图 11-33 所示。

主轴参数初始化步骤如图 11-34 所示。

图 11-33　参数初始化过程图示

第 1 步	设定参数 3716♯0＝1、参数 3717＝1，建立串行通信
第 2 步	设定参数 4133 电动机代码，参数 4019♯7＝1
第 3 步	断开 NC 和主轴驱动器电源
第 4 步	上电进行主轴参数初始化，当参数 4019♯7＝0 时代表初始化完成

图 11-34　主轴参数初始化步骤

　　主轴初始化设定与伺服初始化有一定的不同，需要提前记录好关于主轴位置检测等的相关参数，初始化设定完成后，还需要手动恢复。这些参数主要是主轴位置检测参数，如表 11-5 所示。

表 11-5　主轴位置检测参数

参　数　号	含　义
4002	主轴传感器种类
4003	主轴定向控制和传感器齿数
4004	外部一转信号设定
4010	电动机传感器种类
4011	电动机传感器齿数
4056～4059	各挡齿轮比
4171～4174	电动机传感器与主轴传动比

　　主轴参数初始化准备如下。

　　(1) 选择 MDI 模式或将 NC 设定为急停状态。

　　(2) 设定写参数(PWE＝1)。

　　(3) 检查参数 3716 和参数 3717♯1 是否设定为串行主轴通信。

　　主轴参数初始化设定如下。

　　(1) 记录表 11-5 各参数值。

　　(2) 设定参数 4019♯7＝1，关闭主轴驱动器和 CNC 控制电源，并再次上电。

　　(3) 开机后参数 4019♯7＝0，代表主轴参数初始化设定完成。

　　(4) 如果更换新电动机，则需要根据主轴电动机型号、主轴驱动器型号，设定参数 4133 电动机代码后执行第 1 步操作。

　　(5) 设定完成后，手动恢复记录的参数。

　　注：电动机代码需查询 FANUC B-65280 主轴参数说明书。部分主轴电动机代码表如表 11-6 所示。

表 11-6　部分主轴电动机代码表

型号	βiI3/10000	βiI6/10000	βiI8/8000	βiI12/7000	—	αic15/6000
代码	332	333	334	335		246
型号	αic1/6000	αic2/6000	αic3/6000	αic6/6000	αic8/6000	αic12/6000
代码	240	241	242	243	244	245
型号	αi5/10000	αi1/10000	αi1.5/10000	αi2/10000	αi3/10000	αi6/10000
代码	301	302	304	306	308	310
型号	αiI8/8000	αiI12/7000	αiI15/7000	αiI18/7000	αiI22/7000	αiI30/6000
代码	312	314	316	318	320	322
型号	αiI40/600	αiI50/4500	αiI1.5/15000	αiI2/15000	αiI3/12000	αiI6/12000
代码	323	324	305	307	309	401
型号	αiI8/1000	αiI12/10000	αiI15/10000	αiI18/10000	αiI22/10000	—
代码	402	403	404	405	406	

　　主轴初始化完成后可以通过主轴监控界面进行主轴参数的设定、调整及状态的监控。主轴监控界面包含"主轴设定""主轴调整""主轴监视"三个界面。按下 SYSTEM 按键,再按下向右的扩展键,按下"主轴设定"可以进入主轴设定界面,在该界面中显示当前主轴挡位下相关主轴参数。主轴设定界面显示需要在设定串行主轴有效且通信建立的条件下,开启参数 3111♯1＝1。FS-0i-F Plus 数控系统主轴设定界面、主轴调整界面、主轴监视界面分别如图 11-35～图 11-37 所示。

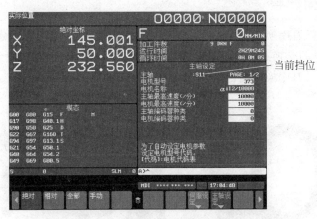

图 11-35　FS-0i-F Plus 数控系统主轴设定界面

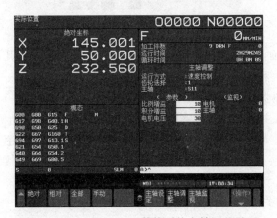

图 11-36　FS-0i-F Plus 数控系统主轴调整界面

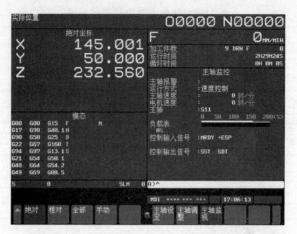

图 11-37　FS-0i-F Plus 数控系统主轴监视界面

主轴设定界面,显示当前主轴挡位下相关主轴参数;主轴调整界面,可以针对运行方式的变化,修改对应运行方式下的相关参数,如比例增益、积分增益、电动机电压等,主轴监视界面,可以确认主轴当前的运行方式,监控主轴的报警、运行速度、运行负荷及信号状态等。

三、主轴定向调整

数控机床在执行刀库换刀、攻丝、镗孔等工作时,需要主轴旋转到固定位置并保持在该位置上,以实现刀具的交换、攻丝和加工中的让刀等。这种控制主轴定位到固定位置的控制方式称为主轴定向。刀库换刀时的主轴定向如图 11-38 所示。

图 11-38　刀库换刀时的主轴定向

主轴定向是使主轴停止在某一特定位置的功能,可以选用以下几种元件作为位置信号。

(1) 外部接近开关和电动机速度传感器。

(2) 主轴位置编码器(编码器和主轴 1∶1 连接)。

(3) 电动机或内装主轴的内置传感器(MZi、BZi、CZi),主轴和电动机之间齿轮比为 1∶1。

每种情况下进行主轴定向时的参数设置是不同的,下面分别介绍。

(1) 当使用外部接近开关(一转信号)时,外部接近开关连接的示意图如图 11-39 所示。

此时,主轴定向相关的参数设置如表 11-7 所示。

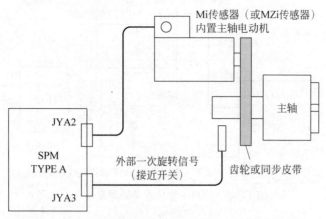

图 11-39 使用外部接近开关和电动机速度传感器的连接

表 11-7 使用外部接近开关检测主轴定向相关的参数设置

参 数 号	设 定 值	备 注
4000♯0	0/1	主轴和电动机的旋转方向相同/相反
4002♯3,2,1,0	0,0,0,1	使用电动机的传感器做位置反馈
4004♯2	1	使用外部一转信号
4004♯3	根据参数4003表中设定	外部开关信号类型
4010♯2,1,0	0,0,1	设定电动机传感器类型
4011♯2,1,0	初始化自动设定	电动机传感器齿数
4015♯0	1	定向有效
4056～4059	根据具体配置	电动机和主轴的齿轮比
4171～4174	根据具体配置	电动机和主轴的齿轮比

根据外部开关类型的参数说明,设置参数4004♯3,具体设定方法如表11-8所示。

表 11-8 参数 4004♯3 的设定方法

开 关	检测方式		开关类型	SCCOM 接法（13）	设 定 值
二线	—		—	24V(11 脚)	0
三线	突起	常开	NPN	0V(14 脚)	0
			PNP	24V(11 脚)	1
		常闭	NPN	0V(14 脚)	1
			PNP	24V(11 脚)	0
	凹槽	常开	NPN	0V(14 脚)	0
			PNP	24V(11 脚)	1
		常闭	NPN	0V(14 脚)	1
			PNP	24V(11 脚)	0

（2）使用主轴位置编码器（编码器和主轴 1∶1 连接），这种连接的示意图如图 11-40 所示。

此种情况下,主轴定向相关的参数设置如表 11-9 所示。

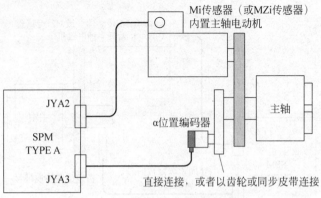

图 11-40　使用主轴位置编码器连接方式

表 11-9　使用主轴位置编码器时主轴定向参数设置

参 数 号	设 定 值	备 注
4000♯0	0/1	主轴和电动机的旋转方向相同/相反
4001♯4	0/1	主轴和编码器的旋转方向相同/相反
4002♯3,2,1,0	0,0,1,0	使用主轴位置编码器做位置反馈
4003♯7,6,5,4	0,0,0,0	主轴的齿数
4010♯2,1,0	取决于电动机	设定电动机传感器类型
4011♯2,1,0	初始化自动设定	电动机传感器齿数
4015♯0	1	定向有效
4056～4059	根据具体配置	电动机和主轴的齿轮比

（3）电动机或内装主轴的内置传感器（MZi、BZi、CZi），主轴和电动机之间齿轮比为1∶1，这种连接方式的示意图如图 11-41 所示。

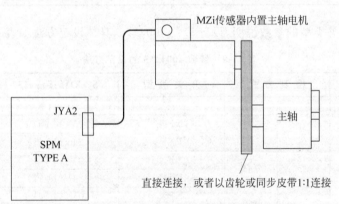

图 11-41　使用电动机或内装主轴的内置传感器连接

此种情况下，主轴定向相关的参数设置如表 11-10 所示。

表 11-10　使用电动机或内装主轴的内置传感器检测时主轴定向参数设置

参 数 号	设 定 值	备 注
4000♯0	0	主轴和电动机的旋转方向相同
4002♯3,2,1,0	0,0,0,1	使用主轴位置编码器做位置反馈
4003♯7,6,5,4	0,0,0,0	主轴的齿数

参 数 号	设 定 值	备 注
4010♯2,1,0	0,0,1	设定电动机传感器类型
4011♯2,1,0	初始化自动设定	电动机传感器齿数
4015♯0	1	定向有效
4056～4059	100 或 1000	电动机和主轴的齿轮比

主轴定向通常通过按键触发或者执行 M 代码,触发 PMC 信号 G70.6 来实现定向。在自动执行 M19 主轴定向时,首先通过 M 代码译码 M19(定向指令)到 R11.0(可自行定义),再通过 R 地址把定向指令输入到 G70.6(主轴定向信号),并形成自锁,最后把定向完成信号 F45.7 输出给 G4.3,完成 M 代码的执行。主轴定向 PMC 程序如图 11-42 所示。

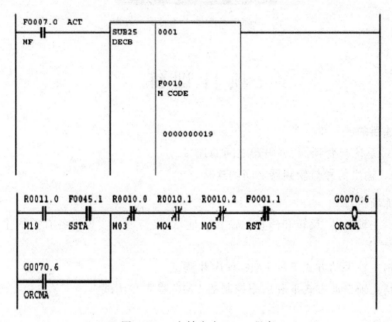

图 11-42 主轴定向 PMC 程序

主轴定向的位置调整步骤如图 11-43 所示。

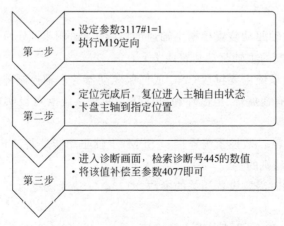

图 11-43 主轴定向的位置调整步骤

其中,诊断号 445 的显示界面如图 11-44 所示。

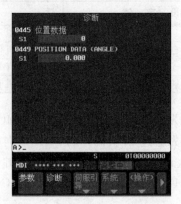

图 11-44　诊断号 445 的显示界面

项 目 训 练

一、训练目的

(1) CNC 系统与变频器、编码器之间的连接。

(2) PMC 输出信号与变频器之间的连接。

二、训练项目

(1) 找出主轴正转、反转和停止的输入地址,查找与现场实训设备有关的主轴速度控制输入和输出信号。

(2) 编制主轴手动方式下的 PMC 程序并调试。

(3) 编制主轴自动方式下和倍率控制的 PMC 程序并调试。

练 习 题

一、判断题

1. 数控机床的主轴驱动装置根据主轴速度控制信号的不同,分为模拟量控制的主轴驱动装置和串行数字控制的主轴驱动装置两类。(　　)

2. 主轴变频驱动系统主要包括 CNC 或伺服驱动器的主轴控制部分、变频器、三相异步电动机。变频系统具有速度环、电流环和位置环。变频系统既可以实现调速又能进行位置控制。(　　)

3. FANUC 0i-F Plus 数控系统连接 αi-SPM,主轴驱动器是通过 FSSB 光缆回路传递信号来驱动串行主轴电动机的。(　　)

4. 使用串行主轴时需要设置相关的参数,8133♯5 SSN 设定为 1,表示使用主轴串行输出。(　　)

5. 加工中心在换刀时,必须实现主轴准停。(　　)

二、选择题

1. （　　）主轴驱动形式具有响应快、速度高、过载能力强的特点,还可以实现主轴定向和进给功能,价格也是最高的,主要应用于加工中心上,用以满足系统自动换刀、刚性攻丝等对主轴位置控制性能要求很高的加工。

    A. 普通三相异步电动机配齿轮变速箱

    B. 普通三相异步电动机配变频器

    C. 三相异步电动机配齿轮变速箱及变频器

    D. 伺服主轴驱动系统

2. 和主轴控制相关的 PMC 与 CNC 之间的信号中,主轴倍率信号是（　　）。

    A. G30　　　　　　B. G71.1　　　　　　C. G70.4　　　　　　D. G70.5

3. FANUC 0i-D 系统模拟主轴控制中,CNC 系统接口 JA40 输出主轴变频器给定转速,CNC 系统接口 JA40 输出的控制信号为（　　）的电压。

    A. 直流 9V　　　　B. 直流 0～10V　　　C. 直流 24V　　　　D. 交流 24V

4. 当数控系统 CNC 执行主轴指令,如执行 M03S600 时,CNC 会给 PMC 发出 M 代码的标志信号,这个信号为 1,表示当前在执行 M 代码,该信号是（　　）。

    A. F10　　　　　　B. F0.5　　　　　　C. F26　　　　　　　D. F7.0

5. 数控机床主轴驱动系统采用伺服系统控制,可以保证机床的加工性能、恒线速度加工功能和（　　）。

    A. 准备功能　　　　B. 急停功能　　　　C. 主轴准停功能　　　D. 控制功能

三、操作题

画出本章介绍的实训设备上模拟主轴的硬件控制图,编写自动方式下主轴的控制程序,输入 M03S500,主轴正转 500r/min,并且可以用倍率开关控制转速在 8 个挡位调节。编写实现这个功能的 PMC 程序。

项目十二

机床冷却控制系统

任务一　执行辅助功能

【任务要求】

1. 学习数控机床辅助代码的作用。
2. 掌握 M 功能的执行时序。

【相关知识】

数控机床的刀具选择、主轴转速的指定以及辅助动作,如防护门的自动打开/关闭、卡盘的自动夹紧/松开、主轴的换挡、冷却控制等,通过地址 T、S、M、B 及后面的数值指定。这种控制通过 PMC 进行。

一、辅助功能的流程

数控机床 T、S、M、B 等辅助代码的控制流程如图 12-1 所示。

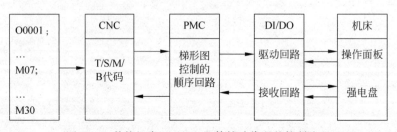

图 12-1　数控机床 T、S、M、B 等辅助代码的控制流程　　　　执行辅助功能

二、辅助功能信号

每一种辅助功能都有对应的代码选通信号。

（1）M 代码的执行流程如图 12-2 所示。在执行 M 代码的时候,如果希望在同一程序段中移动指令、暂停等执行完成后,再执行相应的 M 代码,需等待分配完成信号 DEN 成为"1"。

（2）在 M 代码输出后,延迟时间由参数 3010 设定,CNC 输出 M 代码读取指令 MF 信号。MF 信号表示 CNC 向 PMC 输出的 M 代码已确定。辅助功能相应的地址信号如图 12-3 所示。

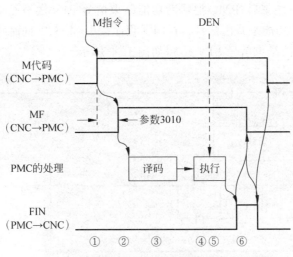

图 12-2　M 代码的执行流程

	M功能	S功能	T功能
代码寄存器	F10~F13	F22~F25	F26~F29
触发信号	F7.0	F7.2	F7.3
完成信号	G4.3		

图 12-3　辅助功能相应的地址信号

（3）用 PMC 进行 M 代码译码，使用 DECB 指令，一次可以译 8 个连续的 M 代码。如对 M03～M10 进行译码，PMC 程序如图 12-4 所示。

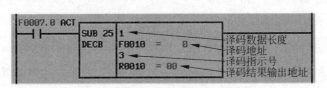

	#7	#6	#5	#4	#3	#2	#1	#0
R10	DM10	DM09	DM08	DM07	DM06	DM05	DM04	DM03

图 12-4　M 代码译码的 PMC 程序

（4）执行 M 代码。如执行主轴正转指令 M03，主轴正转信号 SFR 会变为 1。M 代码执行完后变为 0，M 代码编码后的 DM03 信号也变为 0。因此，要使用 SFR 信号做成保持回路，主轴反转指令 M04 或主轴停止指令 M05 执行时，主轴正转信号 SFR 需变为 0。主轴正转控制程序如图 12-5 所示。

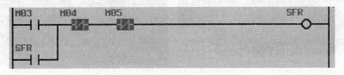

图 12-5　主轴正转信号的控制程序

（5）M 功能执行结束后,PMC 把辅助功能结束信号 FIN 送至 CNC。辅助功能结束信号 FIN 对于 M、S、T 功能是共用信号。在同一程序段中 M、S、T 同时指定时,所有功能执行结束后,需把辅助功能结束信号 FIN 置 1,如图 12-6 所示。

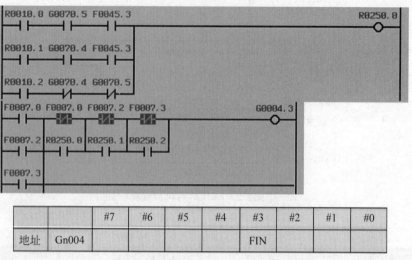

地址	Gn004	#7	#6	#5	#4	#3	#2	#1	#0
						FIN			

图 12-6　辅助功能结束信号 FIN 置 1

任务二　数控机床的冷却控制

【任务要求】

1. 掌握手动冷却控制 PMC 程序。
2. 掌握自动控制 PMC 程序。

【相关知识】

数控机床刀具在切削工件时,会产生大量的热,如果不及时对刀具进行冷却,刀具的使用寿命将大大降低,同时,加工的精度也会达不到工艺要求。为了保证刀具寿命和零件的加工质量,尤其是进行高温加工时,必须对刀具和工件进行冷却,如图 12-7 所示。冷却系统工作的可靠性关系到加工的质量和加工过程的稳定性。数控机床的冷却系统一般受相关的 PLC 程序控制,通过数控机床的操作面板完成相关的操作。

图 12-7　数控机床冷却工作图

一、冷却控制系统

典型的数控机床冷却系统由冷却泵、水管、电动机及控制开关等组成。冷却泵安装在机床底座的内腔里，由冷却泵把切削液从底座打出，经过水管从喷嘴喷出，对切削部分进行冷却。数控机床冷却泵如图 12-8 所示。

图 12-8　数控机床冷却泵外形

在手动方式下，通过操作面板上的冷却按钮控制冷却液打开或关闭，按一下手动冷却按钮，冷却液打开，冷却按钮上的指示灯点亮，再按一下该冷却按钮，冷却液关闭，冷却按钮上的指示灯熄灭。操作面板上手动冷却相关按钮如图 12-9 所示。在自动方式或 MDI 方式下，执行辅助代码 M08 时，冷却液打开；执行 M09 时，冷却液关闭。

图 12-9　操作面板上手动冷却相关按钮

二、电气控制图的设计

冷却系统的电气控制原理图和 PMC 输入/输出信号的接口电路如图 12-10 所示。

图 12-10 中，QM2 为冷却电动机的保护断路器，实现电动机的短路及过载保护，KM2 为控制电动机的交流接触器，KA10 为中间继电器，冷却按钮为操作面板上的手动冷却按钮，接 X11.4，PMC 输出 Y6.6 控制冷却指示灯，Y2.4 控制冷却泵的起停。选通手动模式，按下冷却按钮 X11.4 或者执行冷却代码 M08 时，经过 PMC 程序控制使 Y2.4 和 Y6.6 得

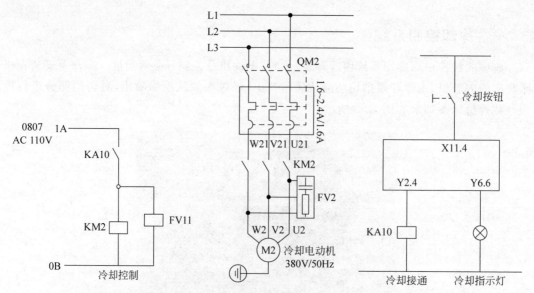

图 12-10　冷却系统的电气控制原理图和 PMC 输入/输出信号的接口电路

电,驱动 KA10 中间继电器线圈得电,驱动 KM2 交流接触器线圈得电,冷却泵打开;再次按下冷却按钮 X11.4 或者执行关闭冷却代码 M09 时,经过 PMC 程序控制使 Y2.4 和 Y6.6 失电,KA10 中间继电器线圈失电,KM2 交流接触器线圈失电,冷却泵关闭。

三、PMC 程序设计

冷却系统的控制流程如图 12-11 所示。

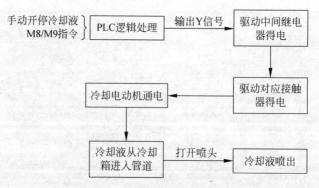

图 12-11　冷却系统的控制流程

手动、自动控制冷却系统的 PMC 程序如图 12-12 所示。

四、数控机床润滑系统的 PMC 程序设计

数控机床润滑系统可以对数控机床丝杠和导轨等机械部件供给润滑油。润滑通常分为手动润滑和自动润滑。一般通过 PMC 程序控制润滑电动机的工作状态,并且控制其工作时间的长短。数控机床上常见的润滑装置如图 12-13 所示。

数控机床润滑装置控制主电路图及 PMC 接线图如图 12-14 所示。QS 是润滑系统断路器,KM 为润滑系统电动机控制接触器。

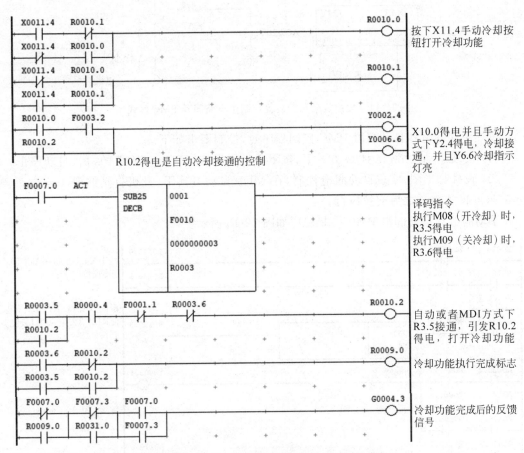

图 12-12 手动、自动控制冷却系统的 PMC 程序

图 12-13 数控机床上常见的润滑装置

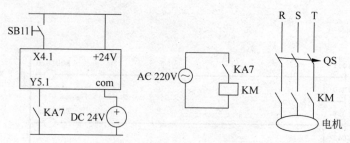

图 12-14 数控机床润滑装置控制主电路图及 PMC 接线图

设计手动润滑和自动润滑 PMC 控制程序时,控制要求如下。

(1)实现手动润滑,在 JOG 方式下,按下手动润滑按钮 X4.1,润滑 10s 后,自动停止。

(2)设计梯形图,实现自动润滑控制,在 MDI/自动方式下,开机自动润滑 10s,之后停止 60s,再润滑 20s,之后交替执行。

手动润滑和自动润滑 PMC 控制程序如图 12-15 所示。

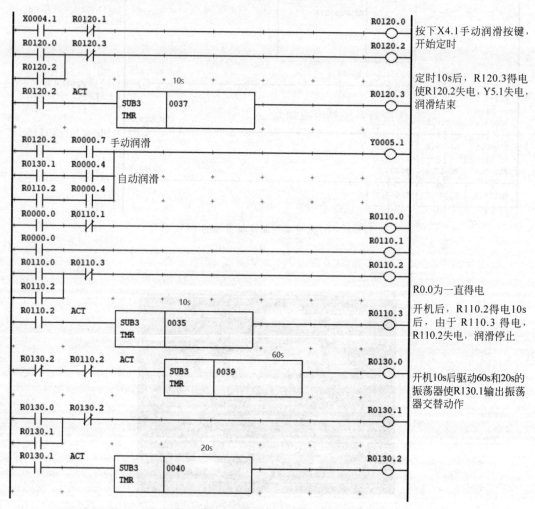

图 12-15 手动润滑和自动润滑 PMC 控制程序

数控机床的冷却控制

项 目 训 练

一、训练目的

(1) 熟练掌握 M 代码的使用。

(2) 熟练掌握 PMC 程序的设计方法。

二、训练项目

(1) 手动冷却控制 PMC 程序输入及调试。

(2) 自动冷却控制 PMC 程序输入及调试。

练 习 题

一、判断题

1. 典型的数控机床冷却系统是由冷却泵、水管、电动机及控制开关等组成的。（   ）

2. 通过操作面板上的冷却按钮控制冷却液打开或关闭，按一下手动冷却按钮，冷却液打开，冷却按钮上的指示灯点亮，再按一下该冷却按钮，冷却液关闭，冷却按钮上的指示灯熄灭。这种控制方式是自动冷却控制功能。（   ）

3. 现代数控机床的辅助动作，如冷却功能的实现，是通过机床内置的可编程控制器PMC 程序进行控制的。（   ）

4. 数控系统的 M 代码指令是用来控制机床各种辅助动作及开关状态的。（   ）

二、选择题

1. 辅助功能 M、S、T 代码完成后，PMC 向 CNC 反馈的辅助代码完成标志是信号（   ）。

　　A. G8.4　　　　　　B. G4.3　　　　　　C. G71.0　　　　　　D. G9.0

2. 用 PMC 进行 M 代码译码，常使用 DECB 指令，一次最多可以译（   ）个连续的 M 代码。

　　A. 4　　　　　　　B. 6　　　　　　　C. 9　　　　　　　D. 8

3. 数控机床的辅助动作如冷却功能动作是通过（   ）实现的。

　　A. T 代码　　　　　B. M 代码　　　　　C. G 代码　　　　　D. S 代码

三、操作题

设计机床的冷却系统，实现以下功能。

1. 手动冷却，按下冷却按钮（X11.4），开冷却，再次按下冷却按钮（X11.4），关冷却。编写 PMC 的梯形图。

2. 自动冷却，用数控系统辅助代码 M08、M09 实现冷却系统的自动接通和断开。要求：M08 为冷却液打开指令、M09 为冷却液关闭指令，编写出相应的梯形图并画出硬件电路图。

冷却系统的控制原理如图 12-16 所示。

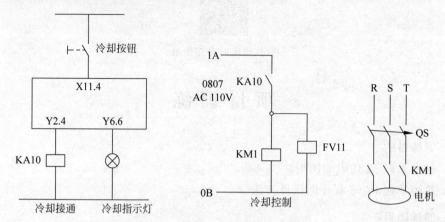

图 12-16　冷却系统的控制原理

数控系统的数据备份与恢复

任务一　数控系统的数据备份

【任务要求】

1. 在 BOOT 界面进行数据备份。

2. 在正常界面进行数据备份。

【相关知识】

为防止数控单元损坏、电池失效，或更换电池时出现差错，导致机床数据丢失，要定期做好数据的备份工作，以防止发生意外。在数控系统中，需要备份的数据有加工程序、CNC 参数、刀具补偿、用户宏变量、螺距误差补偿值、PMC 参数等。CNC 存储器的分配如图 13-1 所示。

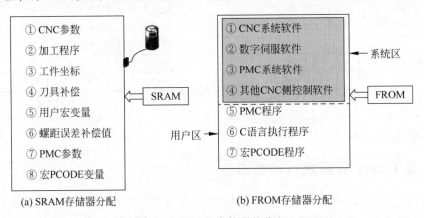

① CNC参数
② 加工程序
③ 工件坐标
④ 刀具补偿
⑤ 用户宏变量
⑥ 螺距误差补偿值
⑦ PMC参数
⑧ 宏PCODE变量

SRAM

用户区

(a) SRAM存储器分配

① CNC系统软件
② 数字伺服软件
③ PMC系统软件
④ 其他CNC侧控制软件
⑤ PMC程序
⑥ C语言执行程序
⑦ 宏PCODE程序

系统区

FROM

(b) FROM存储器分配

图 13-1　CNC 存储器的分配

除 PMC 程序之外的用户程序，只能在 BOOT 界面进行备份。CNC 参数、PMC 参数、顺序程序、螺距误差补偿量四种数据随机床出厂。

数据备份的作用有以下几点：①机床操作误删程序导致的 NC 程序丢失、CNC 参数丢失、PMC 程序丢失、螺距补偿参数丢失等，需要恢复 SRAM（只读存储器）数据；②机床长时间不使用，电池没电并且没有及时更换导致的数据丢失，需要恢复 SRAM 或 FROM（静态随机存储器）数据；③数控系统在维修过程中出现故障，更换了系统主板后，需要进行 SRAM 资料数据的恢复；④数控系统在维修过程中出现故障，更换了存储板后，需要进行 SRAM 和 FROM 用户程序数据的恢复。

一、CNC 中保存的数据类型和保存方式

FANUC 0i-D 系列数控系统,与其他数控系统一样,通过不同的存储空间存放不同的数据文件。数据存储空间主要分为 FROM(只读存储器)和 SRAM(静态随机存储器)。

FROM 为只读存储器,是不能自动写入只可以读出的存储器。FROM 中的数据相对稳定,一般情况下不容易丢失,通常用于存储系统文件和机床厂文件,包括控制程序、常数等。

SRAM 为静态随机存储器,是可以随机地存取,并可以自由改写其内容的存储装置。在 SRAM 中的数据由于断电后需要电池保护,有易失性,所以保留数据非常必要。在数控系统中,SRAM 一般用来存放用户数据,包括系统参数、螺距误差补偿值等。

FANUC 0i-D 系列数控系统的数据文件主要分为系统文件、MTB(机床厂文件)和用户文件。其中系统文件是 FANUC 公司提供的 CNC 和伺服控制软件;MTB(机床厂文件)包括机床的 PMC 控制程序、机床厂编辑的宏程序执行器等文件;用户文件包括系统参数、螺距误差补偿值、宏程序、刀具补偿值、工件坐标系数据、PMC 参数、加工程序等。

FANUC 0i-D 系列数控系统 CNC 内部数据的种类和保存位置见表 13-1。

表 13-1 CNC 内部数据的种类和保存位置

数据的种类	保存位置	备注
CNC 参数	SRAM	机床厂家提供,必须保存备份
PMC 参数	SRAM	机床厂家提供,必须保存备份
梯形图程序	FROM	机床厂家提供,必须保存备份
螺距误差补偿值	SRAM	机床厂家提供,根据需要保存
宏程序	FROM	机床厂家提供,根据需要保存
宏编译程序	SRAM	机床厂家提供,根据需要保存
系统文件	FROM	FANUC 公司提供,不需要保存

对存储于 CNC 中的数据进行备份和恢复的方法,有进入 BOOT 界面备份/恢复和在正常界面备份/恢复两种。

二、在 BOOT 界面进行数据备份

使用 BOOT 功能,可以把 CNC 参数和 PMC 参数等存储在 SRAM 中的数据,通过存储卡一次性全部备份。在 BOOT 界面也可以备份 FROM 中的梯形图程序等数据。

1. 系统进入 BOOT 引导界面

在机床断电的情况下,将 CF 卡插到系统控制单元的 PCMCIA 卡接口上,插入 CF 卡时,要注意单边朝上,不要插反,同时按下系统软键中最右端的两个软键,如图 13-2 所示。然后,接通机床电源。

系统进入引导界面的主菜单,此时,屏幕显示内容如图 13-3 所示。

2. 在 BOOT 界面备份 SRAM 文件

在 BOOT 系统引导界面图 13-3 上,选择"7. SRAM DATA UTILITY"命令。该项功能可以将数控系统 SRAM 中的用户数据全部存储到 CF 卡中。选择后出现界面如图 13-4 所

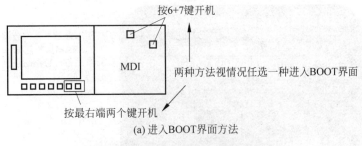

(a) 进入BOOT界面方法

(b) 进入BOOT界面演示

图 13-2 进入 BOOT 界面的方法(针对带有软键和 MDI 键的情形)

1. 结束监控系统
2. 把存储卡中的用户文件读取出来,写入到FROM中
3. 把存储卡中的系统文件读取出来,写入到FROM中
4. 显示写入到FROM中的文件
5. 删除FROM中的顺序程序和用户文件
6. 把写入到FROM中的顺序程序和用户文件用存储卡一次性备份
7. 把存储于SRAM中的CNC参数和加工程序用存储卡备份/恢复
8. 进行存储卡的格式化

图 13-3 BOOT 系统引导界面 1

示,在此界面选择"1. SRAM BACKUP(CNC→MEMORY CARD)"命令,将会显示确认信息。

按下 YES 按键,开始保存数据。备份完成后,显示信息 SRAM COMPLETE HIT SELECT KEY,这时,需要按下 SELECT 键,完成操作。备份结束后,将存储卡连接到计算机,在计算机可以看到默认名字为 SRAM_BAK.001 的文件,即系统参数的备份文件,此方法保存的 SRAM 文件包括 CNC 参数和 PMC 参数。

3. BOOT 界面备份 PMC 程序文件

在 BOOT 系统引导界面图 13-3 上,选择"6.SYSTEM DATA SAVE"命令,出现菜单

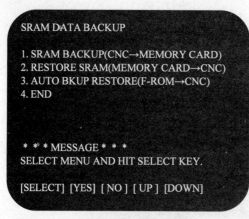

图 13-4　SRAM 数据传送方向选择界面

如图 13-5 所示。该项功能可以将数控系统 FROM 中的数据存储到 CF 卡中。选择后,在出现界面中用翻页键找到 PMC 开头的文件,"PMC1"就是要备份的 PMC 程序文件,如图 13-6 所示。在此界面,按下 YES 按键,开始保存数据。

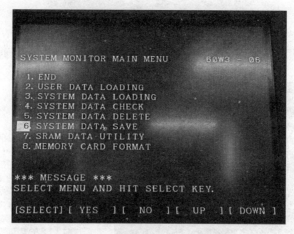

图 13-5　BOOT 系统引导界面 2

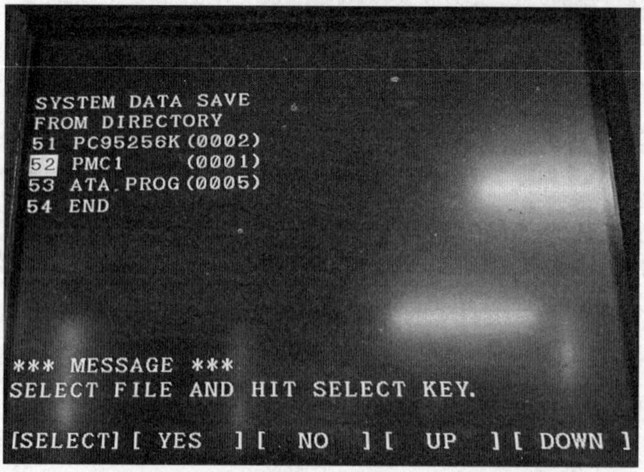

图 13-6　要备份的 PMC 程序文件

备份结束后,将存储卡连接到计算机,在计算机可以看到默认名字为 PMC1. 000 的文件,即 PMC 程序的备份文件。

三、正常界面的数据备份

1. 备份条件

在正常界面备份的参数文件输出为文本格式文件,可以用计算机编辑器显示文件内容,或者进行编辑。进行加工程序的编辑以及数据的输入/输出等操作时,要在 EDIT 模式下,由 MDI 键输入参数时,则要在 MDI 模式下,这是原则,应注意运行模式。CNC 处于报警状态下也能进行数据的输出,数据的输入则受限,可以输入参数等,但不能输入加工程序。输入/输出通道的选择是通过参数 0020 实现的,参数 0020 设为 4 时,使用 CF 卡进行数据传输,参数 0020 设为 17 时,使用 U 盘进行数据传输。

2. CNC 参数的输出

(1) 解除急停。

(2) 在机床操作面板上选择方式"编辑"。

(3) 依次按下 SYSTEM 功能键 ⬚ 和"参数"软键 参数,出现参数界面,如图 13-7 所示。

(4) 依次按下"操作" 操作 →"文件输出" 文件输出 →"全部" 全部 →"执行" 执行,输出 CNC 参数。输出文件名为 CNC-PARA. TXT。该文件可以用计算机写字板打开查看内容。

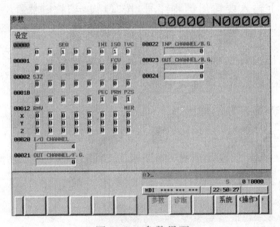

图 13-7　参数界面

3. 加工程序的输出

(1) 设定如图 13-8 所示的参数,8000 号以上和 9000 号以上的加工程序将不能输出。如要传输该程序,应将参数设定为 0。

参数	♯7	♯6	♯5	♯4	♯3	♯2	♯1	♯0
3202				NE9				NE8

图 13-8　编辑参数的设定

参数 3202 的第 4 位 NE9 设为 0 时,可以编辑 9000 多号的程序,设为 1 时,不可以编辑 9000 多号的程序。参数 3202 的第 0 位 NE8 设为 0 时,可以编辑 8000 多号的程序,设为 1

时,不可以编辑 8000 多号的程序。

（2）依次按下 PROG 功能键 和"列表"软键 ,显示程序列表界面,如图 13-9
所示。

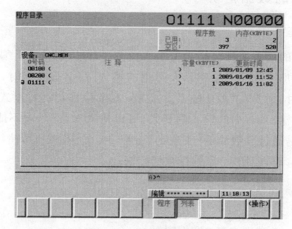

图 13-9　程序列表界面

（3）按下软键"操作" →"文件输出" 。

（4）在 MDI 键盘上输入保存到存储卡的文件名称,按"F 名称"软键 。

（5）在 MDI 键盘上输入要输出的程序号,按"O 设定"软键 。

（6）按下"执行中"软键 ,输出加工程序。当全部程序输出时,输入 O-9999,再按
"执行中"软键 ,输出文件名称为 ALL-PROG.TXT。

（7）改变参数 3202 的设定,恢复成原来的值。

4. PMC 程序和 PMC 参数的输出

依次按下 SYSTEM →"扩展键" →I/O →"PMC 维护" ,PMC 程序和参
数输出界面如图 13-10 所示。装置选择"存储卡",功能选择"写",数据类型如果备份 PMC
程序选择"顺序程序",如果备份 PMC 参数选择"参数"。

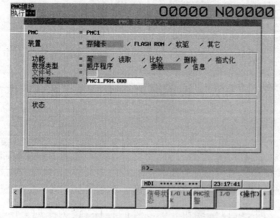

图 13-10　PMC 程序和 PMC 参数输出界面　　　数控系统的数据备份

光标移到"文件名",在"文件名"栏直接输入文件名,然后按下"操作"和"执行"软键,完成 PMC 程序和 PMC 参数的备份。

任务二 数控系统的数据恢复

【任务要求】

1. 在 BOOT 界面进行数据恢复。

2. 在正常界面进行数据恢复。

【相关知识】

系统数据的恢复不仅可以通过 BOOT 引导界面进行,还可以通过正常启动界面,利用数据输入/输出的方式进行。通过后者获得的数据可以用写字板打开。输入/输出方式是指正常启动后数据在数控系统与外部输入/输出设备之间进行传送,该方式主要分为 CF 卡方式和 RS-232 串行口方式。RS-232 串行口方式需要通过 CNC 单元上的 JD36A 或 JD36B 接口与外部计算机连接。利用外部计算机进行数据输入的优点是,可以通过计算机对数据进行离线编辑、修改,并一次性将全部数据输入到数控系统中。

一、在 BOOT 界面进行数据恢复

1. 在 BOOT 界面恢复 SRAM 文件

将 CF 卡插到系统控制单元的 PCMCIA 卡接口上,一起按下系统软键中最右端的两个软键,同时按下数控系统上电按钮启动数控系统,出现 BOOT 系统引导界面,选择"7. SRAM DATA UTILITY"命令,如图 13-11 所示。

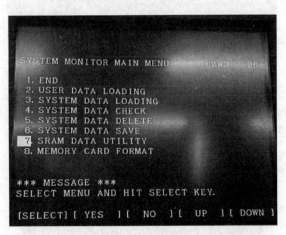

图 13-11 BOOT 系统引导界面 3

选择"2. SRAM RESTORE(MEMORY CARD→CNC)",将会显示确认信息,如图 13-12 所示。

按下 YES 按键,进行数据恢复。数据恢复后,显示 SRAM RESTORE COMPLETE HIT SELECT KEY,需要按下 SELECT 完成操作。

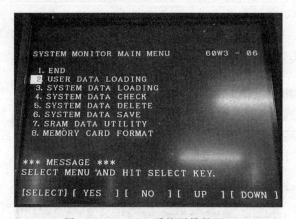

图 13-12　SRAM 数据传送方向选择界面 2

2. 在 BOOT 界面恢复 PMC 程序文件

将 CF 卡插到系统控制单元的 PCMCIA 卡接口上,一起按下系统软键中最右端的两个软键,同时按下数控系统上电按钮启动数控系统,出现 BOOT 系统引导界面,选择"2.USER DATA LOADING"命令,如图 13-13 所示。

图 13-13　BOOT 系统引导界面 4

按下 YES 按键,选通名称为 PMC1.000 的文件,如图 13-14 所示,再次按下 YES 按键完成 PMC 程序文件的恢复。完成后按下 SELECT,选择 END 关闭 BOOT 系统。数控系统正常启动,完成数据恢复。

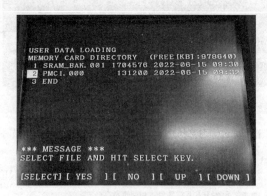

图 13-14　选通 PMC 程序文件界面

二、在正常界面的数据恢复

1. 清空 SRAM 存储器

系统数据恢复前,为了验证数据恢复,可以清空 SRAM 存储器,其操作步骤如下。

(1) 上电的同时按住 RESET ![RESET键] 和 DELETE ![DELETE键],按到出现提示信息 ALL FILE INITIALIZE 为止。

(2) 清空 SRAM,按下 ![1]键,显示 ALL FILE INITILIZING:END。

(3) 提示 NC SYSTEM TYPE(0)。

(4) 显示 IPL 菜单,输入“0”后选中 END IPL ![0] ![INPUT]键,关闭 IPL 界面。

(5) 显示 CNC 界面。在把参数设定完成前,显示硬超程报警和伺服报警等一些报警信息。

(6) 设定输入/输出设备通道 0020 参数,参数 0020 设为 4 时使用 CF 卡进行数据传输,参数 0020 设为 17 时使用 U 盘进行数据传输。根据使用的传输工具设置输入/输出设备通道 0020 参数。

2. CNC 参数的输入

(1) 依次按下 SYSTEM 功能键 ![SYSTEM] 和“参数”软键 ![参数],出现参数界面,如图 13-15 所示。

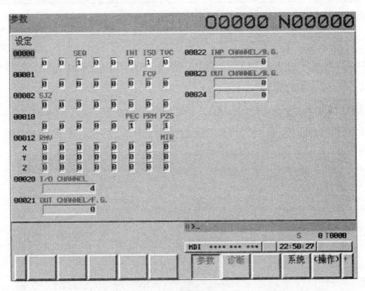

图 13-15　参数界面 2

(2) 依次按下“操作” ![操作]→“文件输入” ![文件输入]→“全部” ![全部]→“执行” ![执行],输入 CNC 参数,文件名固定为 CNC-PARA.TXT。输入时,不能指定文件名。

(3) 输入结束后,出现 PW000 报警(POWER MUST BE OFF),全部断电后再上电。

(4) 使用绝对式脉冲编码器,当再次上电时,报警灯亮,显示“DS300 参考点返回请求”,下面的参数设定为 0 时,该报警消除,如图 13-16 所示。

参数	#7	#6	#5	#4	#3	#2	#1	#0
1815			APC					NE8

图 13-16 报警参数

参数 1815 的第 5 位 APC 设为 0 表示使用增量式脉冲编码器；设为 1 表示使用绝对式脉冲编码器。

在全部数据恢复后，再进行参考点的确定。在改变上述设定后，CNC 电源需要断电后再上电。

3. 加工程序的输入

（1）输入全部程序时，如图 13-17 和图 13-18 所示的参数需要进行修改。设定和修改时，需切换到 MDI 方式。

参数	#7	#6	#5	#4	#3	#2	#1	#0
3201		NPE						

图 13-17 参数 3201 设定

参数 3201 的第 6 位 NPE 设为 0 表示在输入程序段 M02、M30、M99 时，认为程序结束；设为 1 表示在输入％时，认为程序结束。

参数	#7	#6	#5	#4	#3	#2	#1	#0
3202				NE9				NE8

图 13-18 参数 3202 设定

参数 3202 的第 4 位 NE9 设为 0 时，可以编辑 9000 多号的程序，设为 1 时，不可以编辑 9000 多号的程序。参数 3202 的第 0 位 NE8 设为 0 时，可以编辑 8000 多号的程序，设为 1 时，不可以编辑 8000 多号的程序。

（2）选择 EDIT 方式。

（3）按下 PROG 功能键 和"列表"软键 ，出现程序列表界面，如图 13-19 所示。

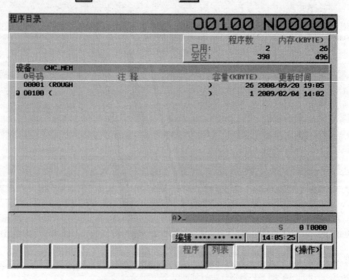

图 13-19 程序列表界面 2

（4）按下"操作" ^{（操作）} →"设备选择" ^{设备选择} →"存储卡" ^{存储卡} ，设定存储卡作为输入/输出的设备，如图 13-20 所示。

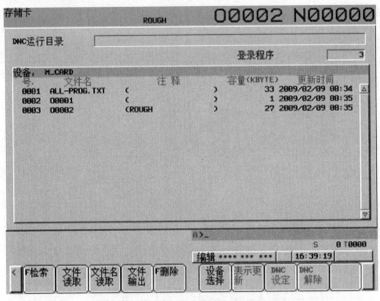

图 13-20 设定存储卡作为输入/输出的设备

（5）按"文件名读取"软键 ^{文件名读取} 或"文件读取" ^{文件读取} 软键。

（6）输入从存储卡中读取的文件名称或档号，按"F 名称"软键 ^{名称} 。

（7）输入读取文件对应的 CNC 程序号，按"O 设定"软键 ^{O设定} 。

（8）按"执行"软键 ^{执行} ，读取加工程序，如图 13-21 所示。

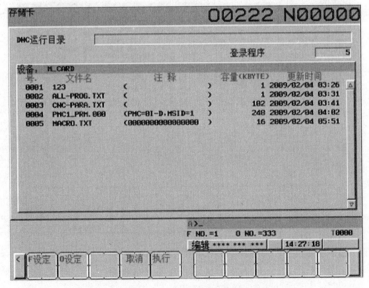

图 13-21 读取加工程序的界面

4. PMC 程序和 PMC 参数的恢复

（1）依次按下 SYSTEM ⧉→"扩展键" ▮→"PMC 维护" ⬛→I/O ⬛，将会显示
PMC 输入/输出界面，如图 13-22 所示。

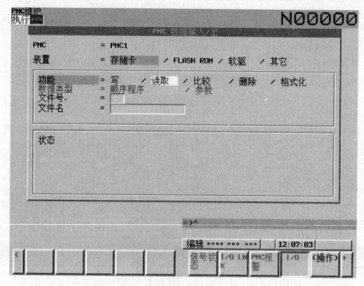

图 13-22　PMC 程序和 PMC 参数输入/输出界面

（2）进行如下设定。

装置选择"存储卡"；功能选择"读取"。

（3）把光标移动到"文件名"上。

（4）按下"操作" ⬛→"列表" ⬛，显示存储卡中的文件列表，如图 13-23 所示。

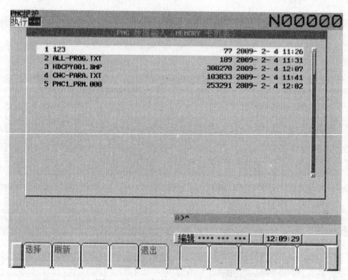

图 13-23　存储卡中的文件列表

（5）把光标移到要选择的文件上，按下"选择"软键 ⬛。

（6）按下"退出"软键 ，重新回到输入/输出界面。

（7）按下"执行"软键 ，输入 PMC 程序或 PMC 参数。

（8）出现确认信息提示。内容确认后，按下"执行"软键 。输入过程中，出现"正在读 PMC 顺序程序"或"正在读 PMC 参数"的确认提示。执行 PLC 程序恢复时，在执行存储卡读取之后，需执行 PMC→FLASH ROM 的"写"操作，完成 PLC 程序的固化操作，否则关机后输入的 PLC 程序会丢失。

数控系统的
数据恢复

项 目 训 练

一、训练目的

（1）熟练掌握用 CF 卡进行系统参数备份与恢复的方法。

（2）熟练掌握加工程序、螺距误差补偿值、PMC 参数等的备份与恢复。

二、训练项目

螺距误差补偿值的输出的步骤如下。

（1）确认输出设备已经准备好。

（2）使系统处于编辑方式下。

（3）按下功能键 SYSTEM。

（4）按下最右边的菜单扩展键，并按下"螺补"软键。

（5）按下"操作"软键。

（6）按下最右端的软键扩展键，按下"F 输出"软键，然后按下"执行"软键。

练 习 题

一、填空题

1. 使用绝对脉冲编码器时，将＿＿＿＿数据恢复后，需要重新设定参考点。

2. 系统数据备份在＿＿＿＿区存储。＿＿＿＿中存放的是系统软件和机床厂家编写 PMC 程序以及 PCODE 程序。＿＿＿＿中存放的是参数、加工程序、宏变量等数据。

3. FLASH-ROM：只读存储器，在数控系统中作为系统存储空间，用于存储＿＿＿＿和＿＿＿＿。

4. 在正常界面下备份的参数文件输出为文本格式文件，可以用计算机编辑器显示文件内容，或者进行编辑。正常界面下备份的参数文件操作时，机床要在＿＿＿＿下。

5. 用 U 盘来备份参数或者 PMC 程序时，需要设定输入/输出设备通道 0020 参数，参数 0020 设为＿＿＿＿使用 U 盘进行数据传输。

二、判断题

1. FANUC 0i-D 系列数控系统的 CNC 参数和 PMC 参数文件存放在只读存储器 FROM 中。（　　）

2. 执行 PMC 程序恢复时,在执行存储卡读取之后,不需要执行 PMC→FLASH ROM 的"写"操作,PMC 程序就能恢复成功。(　　)

3. FANUC 数控系统参数备份的方法有两种方式,即通过 BOOT 启动引导界面进行备份和数控系统工作时通过参数数据的输出进行备份。(　　)

4. FANUC 数控系统通过 BOOT 启动引导界面进行备份的文件可以用计算机写字板打开查看内容。(　　)

三、选择题

1. 在正常界面备份的参数文件输出为文本格式文件,可以用计算机记事本等显示文件内容,或者进行编辑。在正常界面进行数据的输入/输出等操作时,要在(　　)工作方式下。

　　A. EDIT 编辑　　　　B. 自动　　　　　　C. 手动　　　　　　D. MDI

2. 使用存储卡不能进行的操作有(　　)。

　　A. 系统参数的单独备份　　　　　　B. 编辑 PMC 梯形图

　　C. BOOT 界面备份(进行数据打包传输)　D. 加工程序的上传。

3. FANUC 系统进入 BOOT 界面的方法为系统上电的同时(　　)。

　　A. 按下 CAN+RESET　　　　　　　B. 按下显示器下方左侧两个软键

　　C. 按下 CAN+DELETE　　　　　　 D. 按下显示器下方右侧两个软键

4. FANUC 数控系统中系统参数的存放位置为(　　)。

　　A. CPU　　　　　　B. FROM　　　　　C. SRAM　　　　　D. DRAM

四、问答题

简述在 BOOT 启动界面把 SRAM 的内容存到存储卡的步骤。

FANUC 0i-D 数控车床的电路图

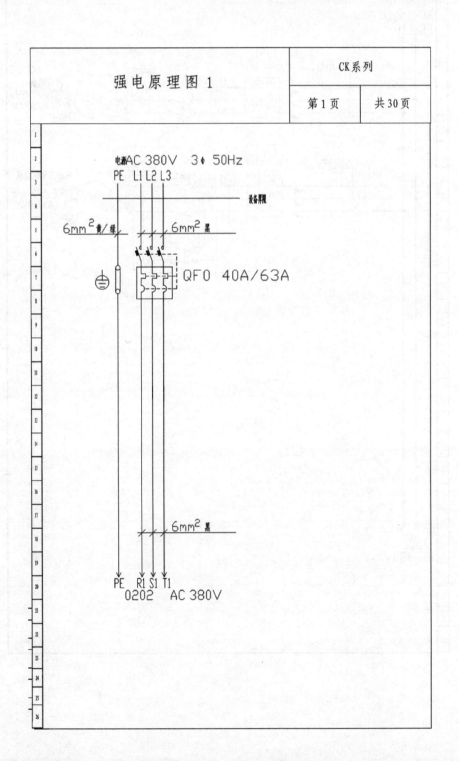

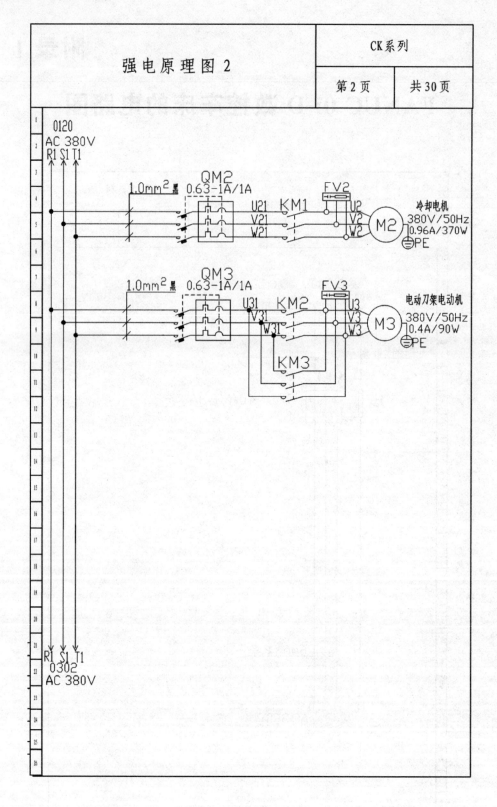

强电原理图 2	CK系列	
	第2页	共30页

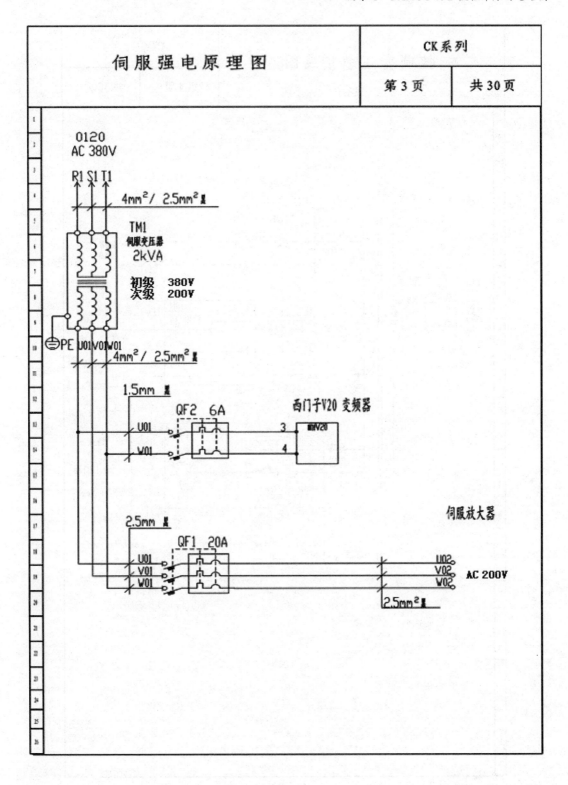

伺服强电原理图

CK系列

第 3 页 | 共 30 页

0120
AC 380V

R1 S1 T1

4mm² / 2.5mm² 黄

TM1
伺服变压器
2kVA

初级　380V
次级　200V

PE U01V01W01

4mm² / 2.5mm² 黄

1.5mm 黄

QF2　6A

西门子V20 变频器

3
4

V20

2.5mm 黄

QF1　20A

伺服放大器

U01
V01
W01

U02
V02
W02

AC 200V

2.5mm² 黄

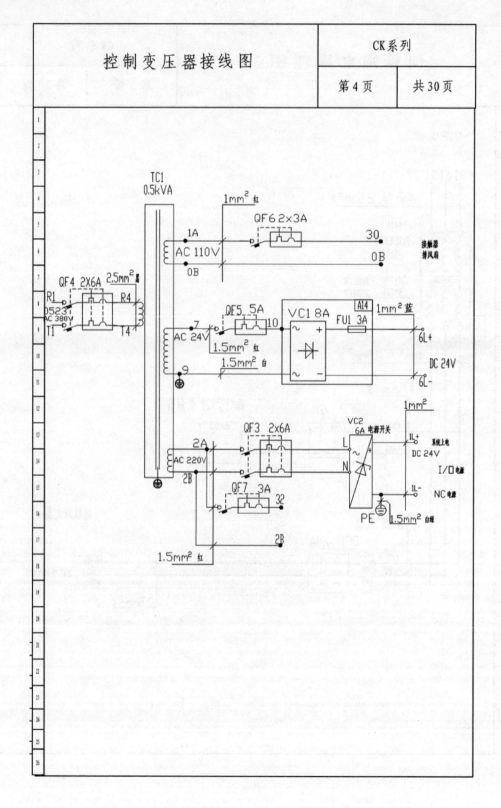

控 制 变 压 器 接 线 图	CK系列
	第 4 页　共 30 页

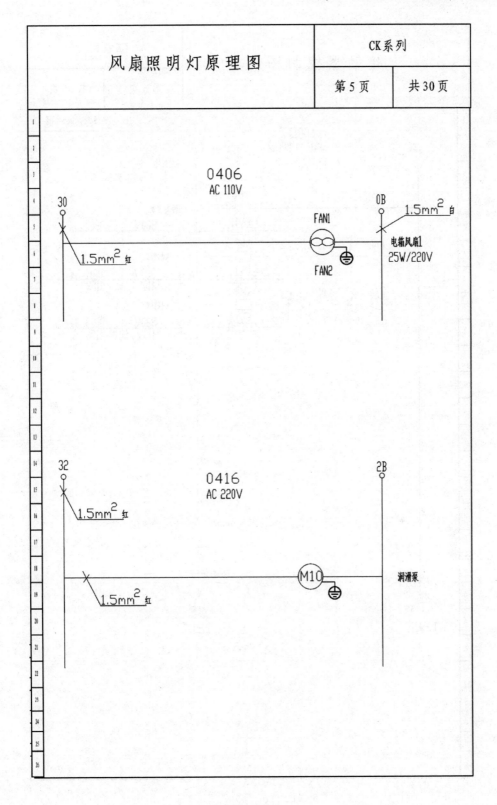

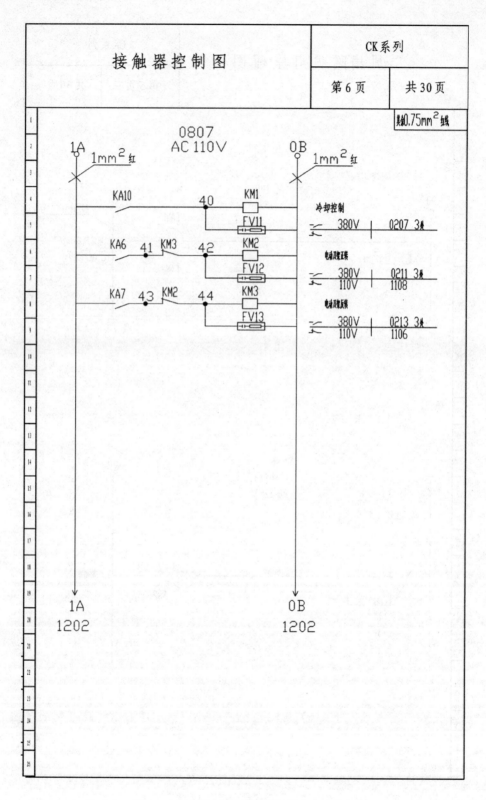

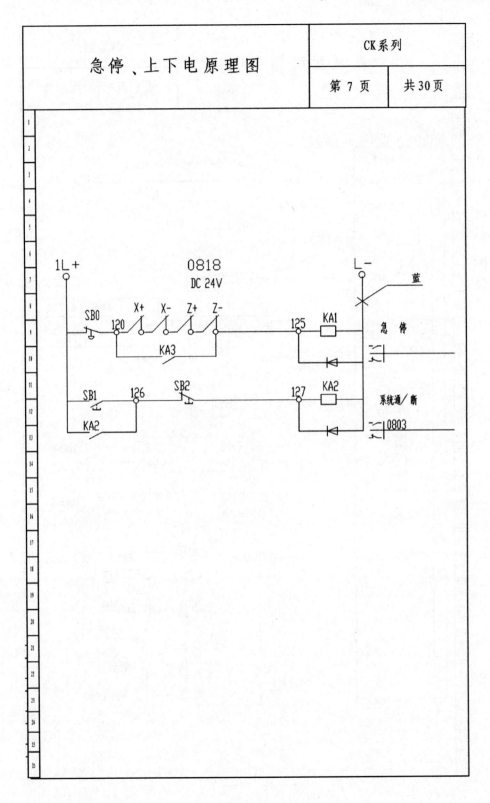

急停、上下电原理图

CK系列

第 7 页　共 30 页

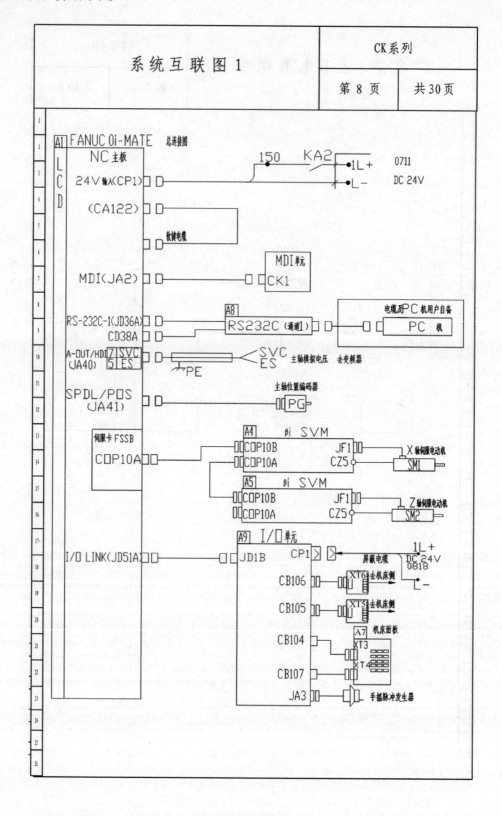

系统互联图 1	CK系列	
	第 8 页	共 30 页

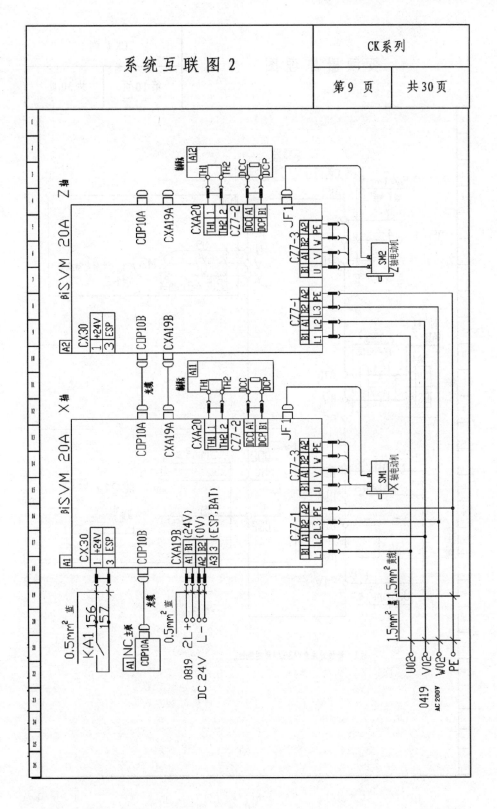

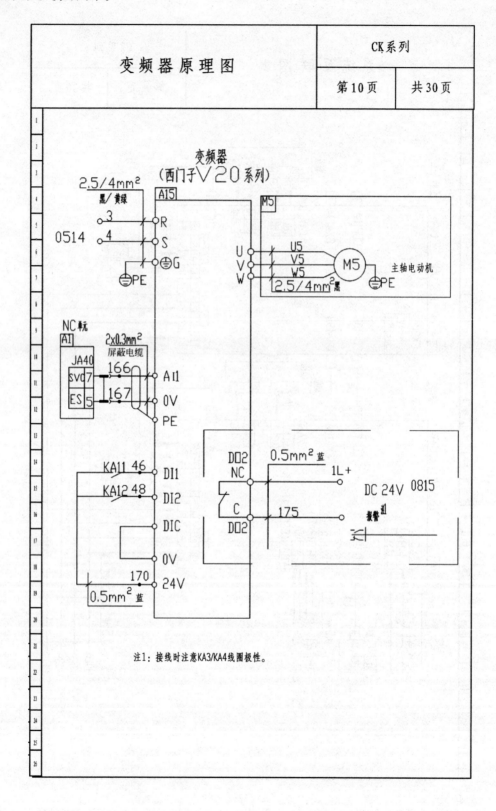

变频器原理图

CK系列

第10页　共30页

注1：接线时注意KA3/KA4线圈极性。

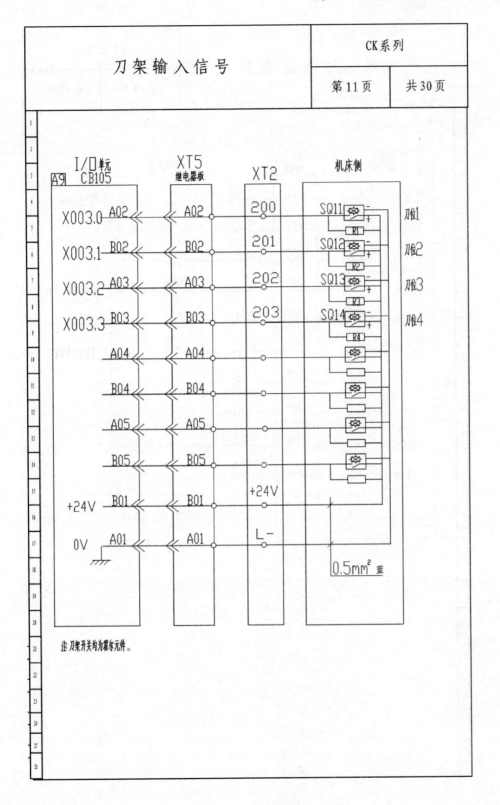

刀 架 输 入 信 号

I/O单元　　XT5　　XT2　　机床侧
A9 CB105　继电器板

X003.0　A02　A02　200　SQ11　刀位1
X003.1　B02　B02　201　SQ12　刀位2
X003.2　A03　A03　202　SQ13　刀位3
X003.3　B03　B03　203　SQ14　刀位4

A04　A04
B04　B04
A05　A05
B05　B05

+24V　B01　B01　+24V
0V　A01　A01　L−

0.5mm² 蓝

注 刀架开关均为霍尔元件。

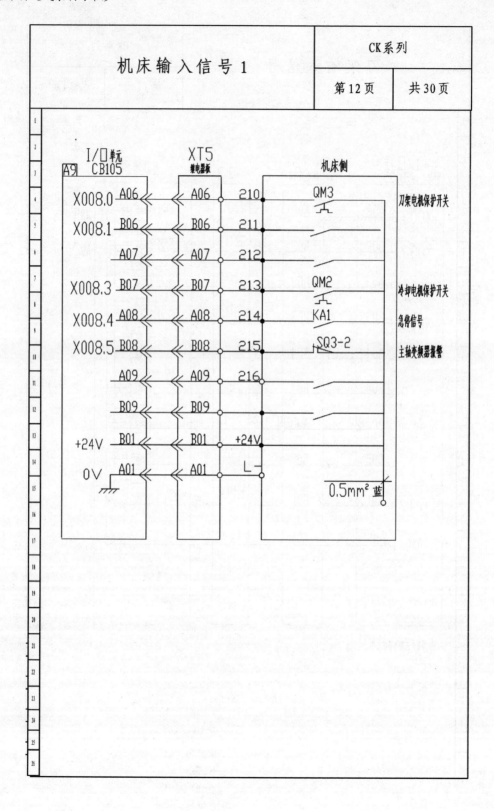

机床输入信号 1	CK系列	
	第 12 页	共 30 页

机床输入信号 2	CK系列	
	第 13 页	共 30 页

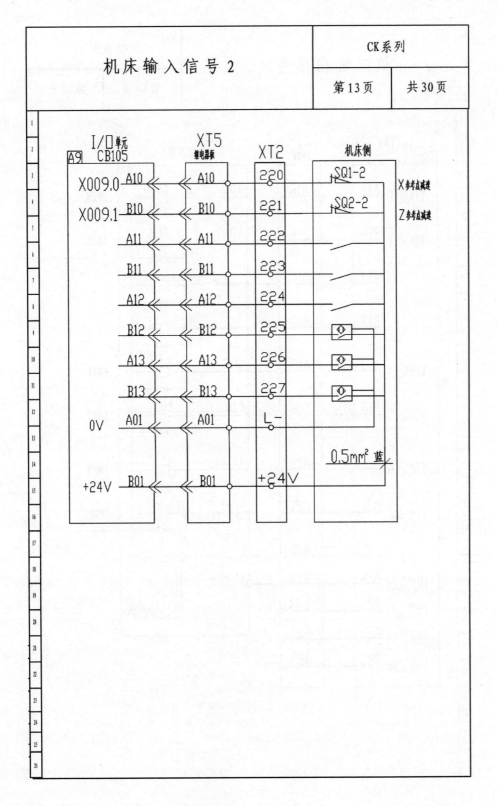

I/口单元
A9 CB105

XT5
继电器板

XT2

机床侧

X009.0 A10 ← A10 → 220 → SQ1-2　X参考点减速
X009.1 B10 ← B10 → 221 → SQ2-2　Z参考点减速
A11 ← A11 → 222
B11 ← B11 → 223
A12 ← A12 → 224
B12 ← B12 → 225
A13 ← A13 → 226
B13 ← B13 → 227
0V A01 ← A01 → L−
+24V B01 ← B01 → +24V

0.5mm² 蓝

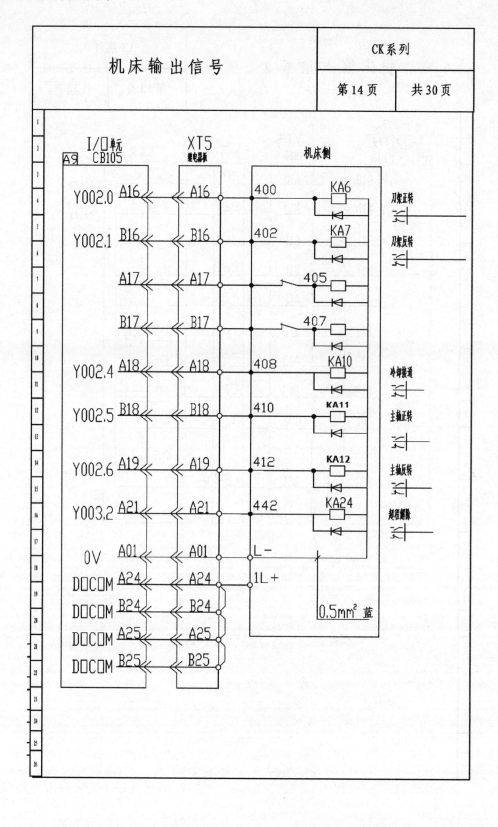

机 床 输 出 信 号

CK系列

第 14 页　共 30 页

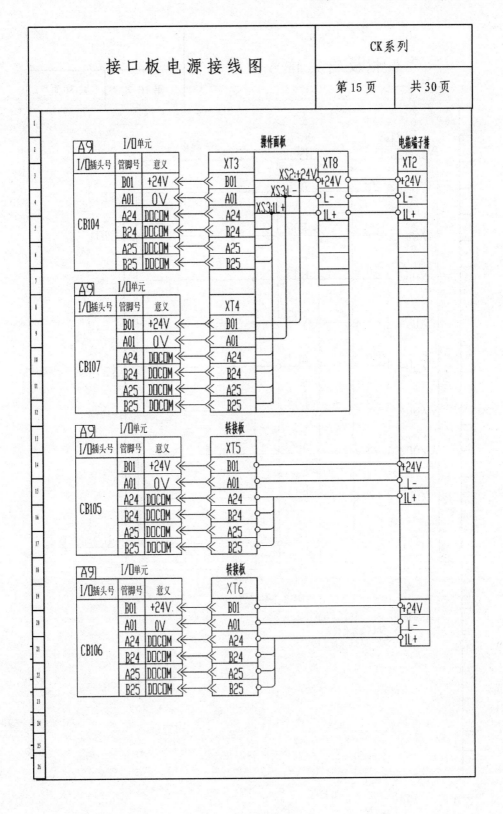

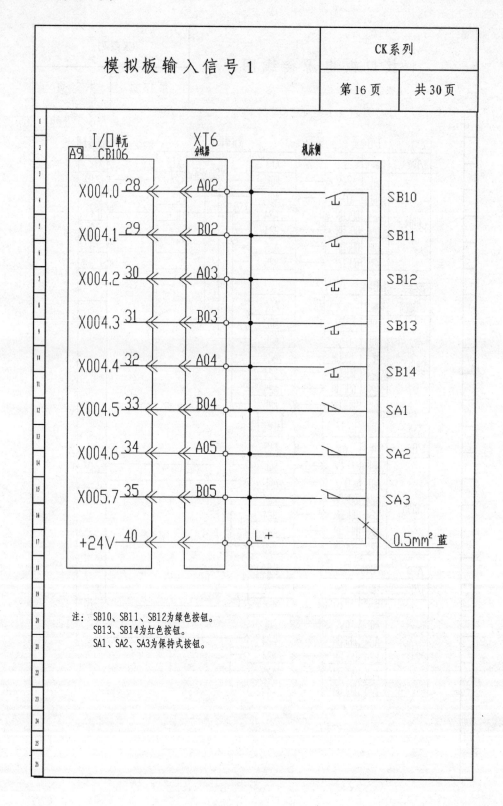

模拟板输入信号 1

CK系列

第 16 页　共 30 页

注：SB10、SB11、SB12为绿色按钮。
　　SB13、SB14为红色按钮。
　　SA1、SA2、SA3为保持式按钮。

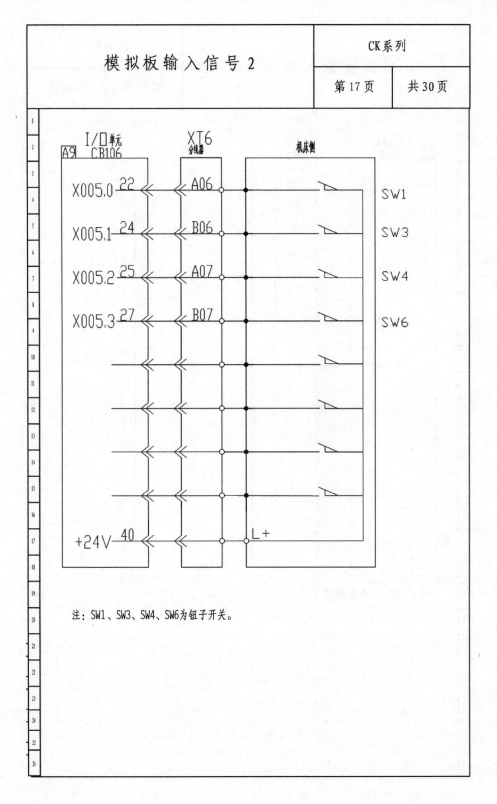

注：SW1、SW3、SW4、SW6为钮子开关。

| 模拟板输入信号 3 | CK系列 | |
| | 第18页 | 共30页 |

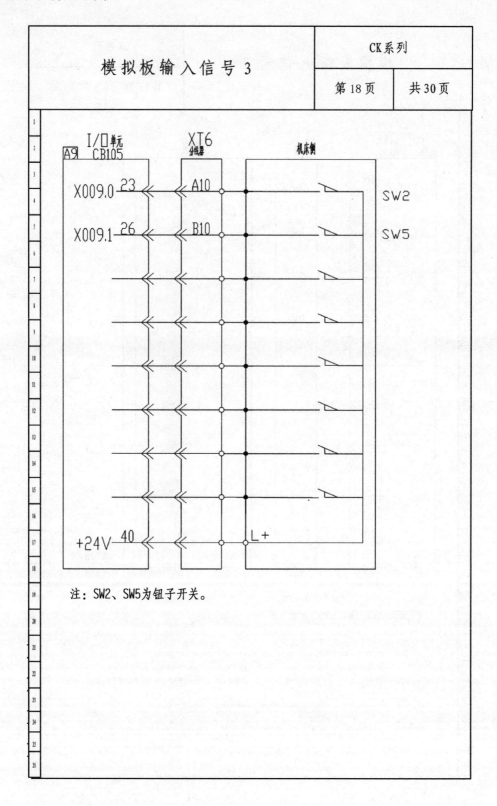

注：SW2、SW5为钮子开关。

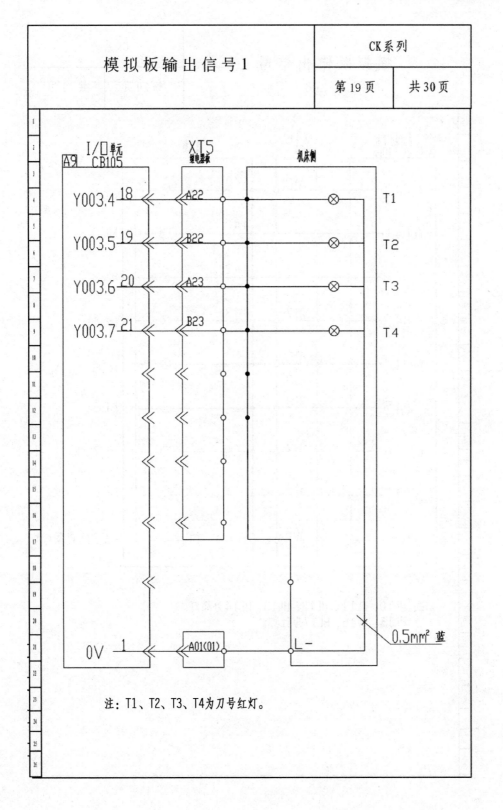

模拟板输出信号 1	CK系列	
	第 19 页	共 30 页

注：T1、T2、T3、T4为刀号红灯。

模拟板输出信号 2	CK系列	
	第20页	共30页

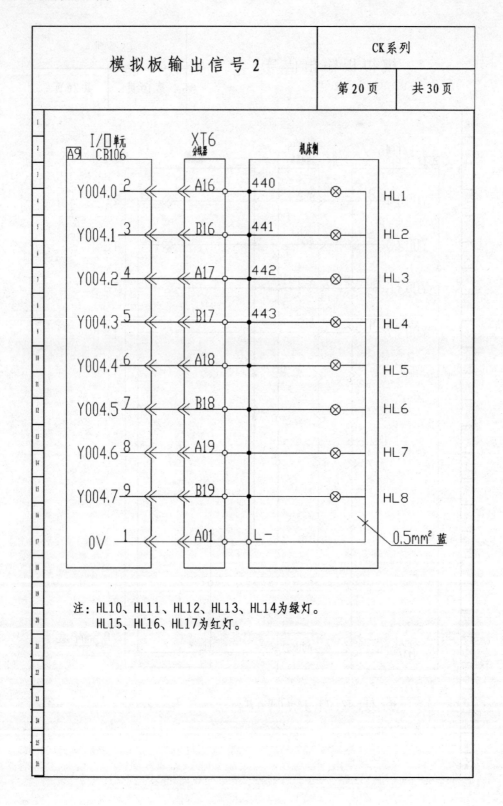

注: HL10、HL11、HL12、HL13、HL14为绿灯。
    HL15、HL16、HL17为红灯。

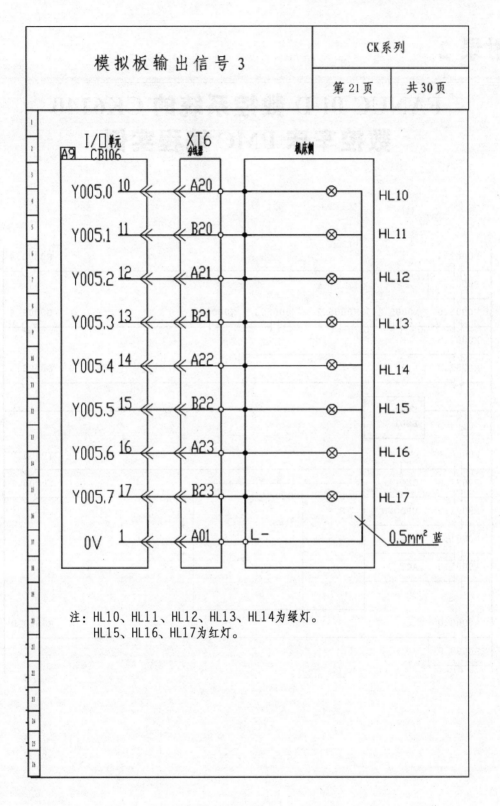

模拟板输出信号 3	CK系列	
	第21页	共30页

注：HL10、HL11、HL12、HL13、HL14为绿灯。
　　HL15、HL16、HL17为红灯。

FANUC 0i-D 数控系统的 CK6140 数控车床 PMC 编程实例

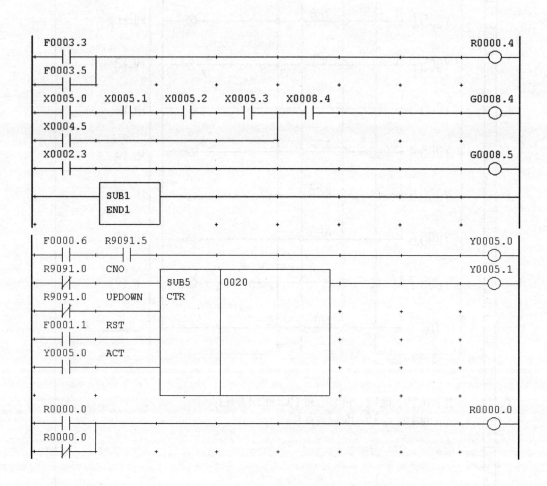

```
R0000.0   ACT                                                              R0001.4
 ┤├                ┌──────┬──────────────────┐                               ◯
                   │SUB57 │ 0001             │
                   │DIFU  │                  │
                   └──────┴──────────────────┘

X0002.5  X0001.6  X0001.2  X0001.1  X0000.5  X0000.1  X0000.0            R0040.0
 ┤├       ┤/├      ┤├       ┤├       ┤├       ┤/├       ┤/├                  ◯
R0040.0
 ┤├

X0001.6  X0002.5  X0001.2  X0001.1  X0000.5  X0000.1  X0000.0            R0040.1
 ┤├       ┤/├      ┤├       ┤├       ┤├       ┤/├       ┤/├                  ◯
R0040.1
 ┤├

X0001.2  X0002.5  X0001.6  X0001.1  X0000.5  X0000.1  X0000.0            R0040.2
 ┤├       ┤/├      ┤/├      ┤├       ┤├       ┤/├       ┤/├                  ◯
R0040.2
 ┤├

X0001.1  X0002.5  X0001.6  X0001.2  X0000.5  X0000.1  X0000.0            R0040.3
 ┤├       ┤/├      ┤/├      ┤/├      ┤├       ┤/├       ┤/├                  ◯
R0040.3
 ┤├

X0000.1  X0002.5  X0001.6  X0001.2  X0000.5  X0001.1  X0000.0            R0040.4
 ┤├       ┤/├      ┤/├      ┤/├      ┤├       ┤/├       ┤/├                  ◯
R0040.4
 ┤├

X0000.5  X0002.5  X0001.6  X0001.2  X0000.1  X0001.1  X0000.0            R0040.5
 ┤├       ┤/├      ┤/├      ┤/├      ┤/├      ┤/├       ┤/├                  ◯
R0040.5
 ┤├

X0000.0  X0002.5  X0001.6  X0001.2  X0000.1  X0001.1  X0000.5            R0040.6
 ┤├       ┤/├      ┤/├      ┤/├      ┤/├      ┤/├       ┤/├                  ◯
R0040.6
 ┤├

R0040.5                                                                 R0040.7
 ┤├                                                                         ◯
R0040.6
 ┤├

R0040.0  R0040.1                                                        G0043.0
 ┤├       ┤/├                                                               ◯
R0040.2
 ┤├
R0040.3
 ┤├
R0040.4
 ┤├
```

```
R0040.0   R0040.1                                              G0043.1
 ─┤├──────┤├─────────────────────────────────────────────────( )─

R0040.7   R0040.1                                              G0043.2
 ─┤├──────┤/├─────────────────────────────────────────────────( )─

R0040.3
 ─┤├─┐
     │
R0040.4
 ─┤├─┘

R0040.4                                                        G0043.7
 ─┤├──────────────────────────────────────────────────────────( )─

R0040.5                                                        G0018.0
 ─┤├──────────────────────────────────────────────────────────( )─

R0040.6                                                        G0018.1
 ─┤├──────────────────────────────────────────────────────────( )─

X0008.0                                                        A0000.2
 ─┤├──────────────────────────────────────────────────────────( )─

X0008.3                                                        A0000.3
 ─┤├──────────────────────────────────────────────────────────( )─

X0008.5                                                        A0000.4
 ─┤├──────────────────────────────────────────────────────────( )─

G0043.0   G0043.1   G0043.2                                    R0000.2
 ─┤├──────┤├───────┤├───────────────────────────────────────────( )─

G0043.0   G0043.1   G0043.2                                    R0000.3
 ─┤├──────┤/├──────┤/├──────────────────────────────────────────( )─

R0000.2                                                        R0000.4
 ─┤├─┐─────────────────────────────────────────────────────────( )─
     │
R0000.3
 ─┤├─┘

G0043.0   G0043.1   G0043.7   G0043.2                          R0000.5
 ─┤├──────┤/├──────┤/├──────┤├──────────────────────────────────( )─

G0043.0   G0043.1   G0043.2                                    R0000.6
 ─┤├──────┤/├──────┤├───────────────────────────────────────────( )─

R0000.5                                                        R0000.7
 ─┤├─┐─────────────────────────────────────────────────────────( )─
     │
R0000.6
 ─┤├─┘

X0010.4                                                        G0100.0
 ─┤├──────────────────────────────────────────────────────────( )─

X0010.0                                                        G0102.0
 ─┤├──────────────────────────────────────────────────────────( )─

X0007.6                                                        G0100.1
 ─┤├──────────────────────────────────────────────────────────( )─

X0010.2                                                        G0102.1
 ─┤├──────────────────────────────────────────────────────────( )─
```

```
 X0010.5                                                        G0019.7
 ─┤├─────────────────────────────────────────────────────────────○──

 X0000.6   X0001.3   X0001.7   X0002.0                           R0039.0
 ─┤├────────┤/├───────┤/├───────┤/├──────────────────────────────○──
 R0039.0                                                         R0038.0
 ─┤├────────┘                                                     ○──

 X0001.3   X0000.6   X0001.7   X0002.0                           R0039.1
 ─┤├────────┤/├───────┤/├───────┤/├──────────────────────────────○──
 R0039.1                                                         R0038.1
 ─┤├────────┘                                                     ○──

 X0001.7   X0000.6   X0001.3   X0002.0                           R0039.2
 ─┤├────────┤/├───────┤/├───────┤/├──────────────────────────────○──
 R0039.2                                                         R0038.2
 ─┤├────────┘                                                     ○──
 R0001.4
 ─┤├────────┘

 X0002.0   X0000.6   X0001.3   X0001.7                           R0039.3
 ─┤├────────┤/├───────┤/├───────┤/├──────────────────────────────○──
 R0039.3                                                         R0038.3
 ─┤├────────┘                                                     ○──


 R0038.0   R0038.3                                               G0014.0
 ─┤├────────┤/├───────────────────────────────────────────────────○──
 R0038.2
 ─┤├────────┘

 R0038.0   R0038.3                                               G0014.1
 ─┤├────────┤/├───────────────────────────────────────────────────○──
 R0038.1
 ─┤├────────┘

 R0039.3   R0039.0                                               G0019.4
 ─┤├────────┤/├───────────────────────────────────────────────────○──
 R0039.1
 ─┤├────────┘

 R0039.3   R0039.0                                               G0019.5
 ─┤├────────┤/├───────────────────────────────────────────────────○──
 R0039.2
 ─┤├────────┘

 X0007.0                                                        R0055.0
 ─┤├─────────────────────────────────────────────────────────────○──

 X0007.1                                                        R0055.1
 ─┤├─────────────────────────────────────────────────────────────○──

 X0007.2                                                        R0055.2
 ─┤├─────────────────────────────────────────────────────────────○──
```

```
  X0007.3                                                                    R0055.3
───┤├──────────────────────────────────────────────────────────────────────○──────
  X0007.4                                                                    R0055.4
───┤├──────────────────────────────────────────────────────────────────────○──────
  R0000.0    RST        ┌──────────┬──────────────┐                         R0001.6
───┤/├──────────────────┤  SUB27   │ 0002         │────────────────────────○──────
  R0000.0    ACT        │  CODB    │              │
───┤├───────────────────┤          │ 0021         │      ·        ·        ·
                        │          │              │
   ·           ·        │          │ R0055        │      ·        ·        ·
                        │          │              │
   ·           ·        │          │ G0010        │      ·        ·        ·
                        │          │              │
   ·           ·        └──────────┴──────────────┘      ·
                  000        00000      -00101      -00201
   ·            + 003       -00401      -00601      -00801+       ·        ·
                  006       -01001      -01501      -02001
   ·            + 009       -03001      -04001      -05001+       ·        ·
                  012       -06001      -07001      -08001
   ·            + 015       -09001      -09501      -10001+       ·        ·
                  018       -10501      -11001      -12001

  R0000.0    RST        ┌──────────┬──────────────┐                         R0001.7
───┤/├──────────────────┤  SUB27   │ 0002         │────────────────────────○──────
  R0000.0    ACT        │  CODB    │              │
───┤├───────────────────┤          │ 0021         │      ·        ·        ·
                        │          │              │
   ·           ·        │          │ R0055        │      ·        ·        ·
                        │          │              │
   ·           ·        │          │ G0012        │      ·        ·        ·
                        │          │              │
                        └──────────┴──────────────┘
                  000       -00001      -00011      -00021
   ·            + 003       -00031      -00041      -00051+       ·        ·
                  006       -00061      -00071      -00081
   ·            + 009       -00091      -00101      -00111+       ·        ·
                  012       -00121      -00131      -00141
   ·            + 015       -00151      -00161      -00161+       ·        ·
                  018       -00171      -00171      -00181

  X0000.7  R0001.1                                                          R0001.0
───┤├──────┤/├──────────────────────────────────────────────────────────────○──────
  X0000.7  R0001.0
───┤├──────┤├─────────────────────────·        ·        ·        ·        ·
  X0000.7  R0001.0                                                          R0001.1
───┤├──────┤/├──────────────────────────────────────────────────────────────○──────
  X0000.7  R0001.1
───┤/├──────┤├─────────────────────────·        ·        ·        ·        ·
  R0001.0                                                                    G0046.1
───┤├──────────────────────────────────────────────────────────────────────○──────
  X0001.4  R0060.1                                                          R0060.0
───┤├──────┤/├──────────────────────────────────────────────────────────────○──────
  X0001.4  R0060.0
───┤├──────┤├─────────────────────────·        ·        ·        ·        ·
```

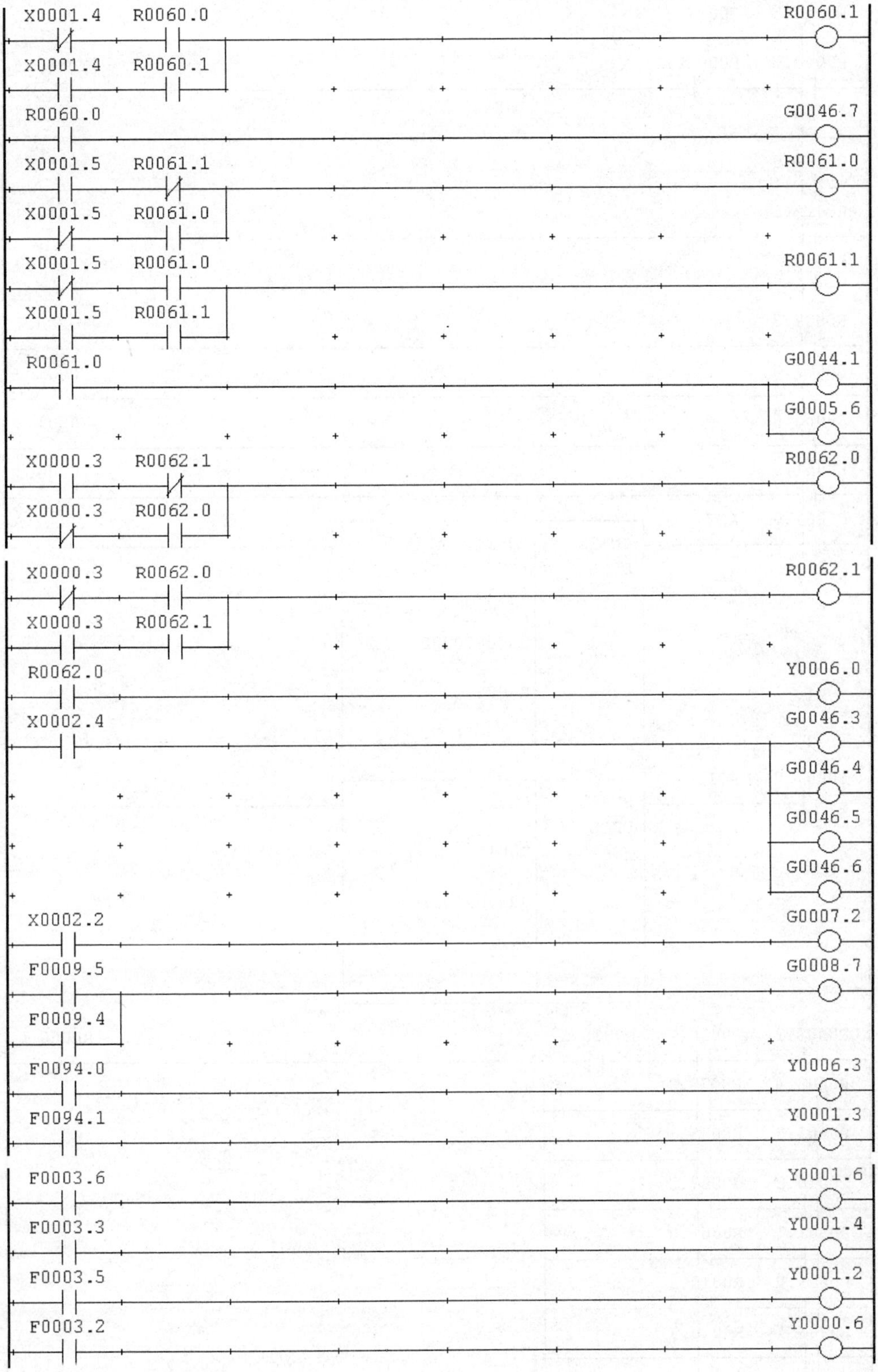
X0001.4
R0060.0
R0060.1
X0001.4
R0060.1
R0060.0
G0046.7
X0001.5
R0061.1
R0061.0
X0001.5
R0061.0
X0001.5
R0061.0
R0061.1
X0001.5
R0061.1
R0061.0
G0044.1
G0005.6
X0000.3
R0062.1
R0062.0
X0000.3
R0062.0
X0000.3
R0062.0
R0062.1
X0000.3
R0062.1
R0062.0
Y0006.0
X0002.4
G0046.3
G0046.4
G0046.5
G0046.6
X0002.2
G0007.2
F0009.5
G0008.7
F0009.4
F0094.0
Y0006.3
F0094.1
Y0001.3
F0003.6
Y0001.6
F0003.3
Y0001.4
F0003.5
Y0001.2
F0003.2
Y0000.6

```
 R0040.5   F0003.1                                              Y0000.2
───┤├──────┤├──────────────────────────────────────────────────( )────
 R0040.6   F0003.1                                              Y0007.0
───┤├──────┤├──────────────────────────────────────────────────( )────
 F0004.5                                                        Y0000.5
───┤├──────────────────────────────────────────────────────────( )────
 R0039.0                                                        Y0000.0
───┤├──────────────────────────────────────────────────────────( )────
 R0039.1                                                        Y0000.1
───┤├──────────────────────────────────────────────────────────( )────
 R0039.2                                                        Y0001.7
───┤├──────────────────────────────────────────────────────────( )────

 R0039.3                                                        Y0000.7
───┤├──────────────────────────────────────────────────────────( )────
 R0001.0                                                        Y0001.0
───┤├──────────────────────────────────────────────────────────( )────
 R0060.0                                                        Y0001.1
───┤├──────────────────────────────────────────────────────────( )────
 R0061.0                                                        Y0006.2
───┤├──────────────────────────────────────────────────────────( )────
 F0007.0    ACT
───┤├──────────────┌──────────┬──────────────────┐
                   │ SUB25    │ 0001             │
                   │ DECB     │                  │
                   │          │ F0010            │
                   │          │                  │
                   │          │ 0000000000       │
                   │          │                  │
                   │          │ R0002            │
                   │          │                  │
                   └──────────┴──────────────────┘
 F0007.0    ACT
───┤├──────────────┌──────────┬──────────────────┐
                   │ SUB25    │ 0001             │
                   │ DECB     │                  │
                   │          │ F0010            │
                   │          │                  │
                   │          │ 0000000003       │
                   │          │                  │
                   │          │ R0003            │
                   │          │                  │
                   └──────────┴──────────────────┘
 R0003.2   R0010.2   R0010.3                                   R0009.0
───┤├──────┤╱├──────┤╱├────────────────────────────────────────( )────
 R0003.4   R0025.0
───┤├──────┤├───┤
 R0003.5   R0025.1
───┤├──────┤├───┤
 R0010.2   G0007.2
───┤├──────┤├───┤
 R0002.1   R0062.0
───┤├──────┤╱├───┤
 R0003.0   R0010.2
───┤├──────┤├───┤
 R0003.1   R0010.3
───┤├──────┤├───┤
 R0003.6   R0025.0   R0025.1
───┤├──────┤╱├──────┤╱├─┤
```

```
F0007.0   F0007.3   F0007.0                                          G0004.3
──┤/├──────┤/├──────┤ ├──────────────────────────────────────────────( )──
R0009.0   R0031.0   F0007.3
──┤ ├──────┤ ├──────┤ ├──

R0003.0                                                              R0009.7
──┤ ├──────────────────────────────────────────────────────────────( )──
R0003.1
──┤ ├──

R0002.0                                                              R0010.0
──┤ ├──────────────────────────────────────────────────────────────( )──
R0002.1   R0062.0
──┤ ├──────┤ ├──

R0000.4   R0010.5                                                    R0010.1
──┤ ├──────┤/├──────────────────────────────────────────────────────( )──
R0010.1
──┤ ├──

R0003.0   R0003.1   R0003.2   F0001.1   R0010.1                      R0010.2
──┤ ├──────┤/├──────┤/├──────┤/├──────┤ ├────────────────────────────( )──
R0010.2
──┤ ├──

R0010.2                                                              G0070.5
──┤ ├──────────────────────────────────────────────────────────────( )──
R0626.5   R0000.7                                                    Y0004.0
──┤ ├──────┤ ├──                                                     ( )──
G0070.5                                                              Y0002.5
──┤ ├──                                                              ( )──
Y0002.6
──┤ ├──

R0003.1   R0003.0   R0003.2   F0001.1   R0010.1                      R0010.3
──┤ ├──────┤/├──────┤/├──────┤/├──────┤ ├────────────────────────────( )──
R0010.3
──┤ ├──

R0010.3                                                              G0070.4
──┤ ├──────────────────────────────────────────────────────────────( )──
R0626.6   R0000.7                                                    Y0004.1
──┤ ├──────┤ ├──                                                     ( )──
G0070.4                                                              Y0002.6
──┤ ├──                                                              ( )──

G0070.5                                                              G0029.4
──┤ ├──────────────────────────────────────────────────────────────( )──
G0070.4                                                              G0029.6
──┤ ├──                                                              ( )──

R0010.2                                                              R0010.4
──┤ ├──────────────────────────────────────────────────────────────( )──
R0010.3
──┤ ├──

X0010.7                                                              R0056.0
──┤ ├──────────────────────────────────────────────────────────────( )──

X0011.0                                                              R0056.1
──┤ ├──────────────────────────────────────────────────────────────( )──

X0011.1                                                              R0056.2
──┤ ├──────────────────────────────────────────────────────────────( )──
```

```
 R0000.0   RST                                                                    R0001.5
───┤/├──────────────┌───────┬──────────┐                                          ──○──
 R0000.0   ACT      │ SUB27 │ 0001      │
───┤ ├──────────────│ CODB  │           │
                    │       │ 0008      │
                    │       │           │
                    │       │ R0056     │
                    │       │           │
                    │       │ G0030     │
                    └───────┴──────────┘
              000        00050    00060    00070
              003        00080    00090    00100
              006        00110    00120

 R0002.2   F0000.5   R0000.2                                                       R0013.0
───┤ ├──────┤/├───────┤ ├──────────────────────────────────────────────────────  ──○──
 R0006.4
───┤ ├──
 R0013.0
───┤ ├──

 R0003.4   R0003.5   R0003.6   F0001.1                                             R0025.0
───┤ ├──────┤/├───────┤/├───────┤/├─────────────────────────────────────────────  ──○──
 R0025.0
───┤ ├──

 R0003.5   R0003.4   R0003.6   F0001.1                                             R0025.1
───┤ ├──────┤/├───────┤/├───────┤/├─────────────────────────────────────────────  ──○──
 R0025.1
───┤ ├──

 R0025.0                                                                           Y0002.4
───┤ ├──────────────────────────────────────────────────────────────────────────  ──○──
 R0025.1                                                                           Y0006.6
───┤ ├───────────────────────────────────────────────────────────────────────┬──  ──○──
 R0100.0                                                                       │
───┤ ├────────────────────────────────────────────────────────────────────────┘

 G0070.5                                                                           Y0007.2
───┤ ├──────────────────────────────────────────────────────────────────────────  ──○──
 G0070.4                                                                           Y0007.4
───┤ ├──────────────────────────────────────────────────────────────────────────  ──○──

 F0007.3   R0000.4   F0001.1                                                       R0027.0
───┤ ├──────┤ ├───────┤/├────────────────────────────────────────────────────────  ──○──
 R0027.0   ACT                                                                     R0027.1
───┤ ├──────────────┌───────┬──────────┐                                          ──○──
                    │ SUB3  │ 0013      │
                    │ TMR   │           │
                    └───────┴──────────┘

 R0027.0   ACT                                                                     R0027.2
───┤ ├──────────────┌───────┬──────────┐                                          ──○──
                    │ SUB3  │ 0014      │
                    │ TMR   │           │
                    └───────┴──────────┘

 R0027.0   R0027.4                                                                 R0027.3
───┤ ├──────┤/├───────────────────────────────────────────────────────────────────  ──○──
 R0027.0                                                                           R0027.4
───┤ ├──────────────────────────────────────────────────────────────────────────  ──○──
```

R0000.0	BYT			
R0000.0	CNV	SUB14	F0026	
F0001.1	RST	DCNV	R0053	
R0027.3	ACT			R0032.7

R0000.0	BYT			
R0027.0	ACT	SUB16	0000	
		COIN	0005	
			R0053	R0027.6

R0000.0		BYT		
R0027.0	R0000.4	ACT	SUB16	0000
			COIN	0000
				R0053
				R0027.5

R0027.5	R0027.0	F0001.1	R0028.0
R0027.6			
R0028.0			

R0000.0		BYT		
X0003.0	R0027.0	ACT	SUB23	0001
			NUME	R0050

R0000.0		BYT		
X0003.1	R0027.0	ACT	SUB23	0002
			NUME	R0050

R0000.0		BYT		
X0003.2	R0027.0	ACT	SUB23	0003
			NUME	R0050

G0000.0		BYT		
X0003.3	R0027.0	ACT	SUB23	0004
			NUME	R0050

```
  R0000.0   BYT                                                      R0028.2
  ─┤/├─────────────┌─────────┬─────────┐────────────────────────────( )──
  R0000.0   CNV    │ SUB14   │ R0050   │
  ─┤/├─────────────┤ DCNV    │         │
  F0001.1   RST    │         │ R0051   │
  ─┤├──────────────┤         │         │
  R0027.0   ACT    │         │         │
  ─┤├──────────────└─────────┴─────────┘

  R0027.0  R0000.4   ACT                                             
  ─┤├───────┤├───────────────┌─────────┬─────────┐────────────────────────
                             │ SUB8    │ 1111    │
                             │ MOVE    │         │
                             │         │ 1111    │
                             │         │         │
                             │         │ R0053   │
                             │         │         │
                             │         │ R0054   │
                             └─────────┴─────────┘

  R0000.0            BYT                                             R0028.3
  ─┤├───────────────────────┌─────────┬─────────┐──────────────────( )──
  R0027.0  R0028.0   ACT     │ SUB16   │ 0001    │
  ─┤├───────┤/├──────────────┤ COIN    │         │
                             │         │ R0054   │
                             │         │         │
                             │         │ R0051   │
                             └─────────┴─────────┘

  R0028.3   ACT                                                     R0028.6
  ─┤├───────────────────────┌─────────┬─────────┐──────────────────( )──
                             │ SUB3    │ 0015    │
                             │ TMR     │         │
                             └─────────┴─────────┘

  R0027.2                                                           R0029.1
  ─┤├─────────────────────────────────────────────────────────────( )──
  R0028.0
  ─┤├──
  R0027.1  R0029.1                                                  R0029.5
  ─┤├───────┤/├────────────────────────────────────────────────────( )──
  R0029.5  R0028.6  R0029.1                                         R0030.1
  ─┤├───────┤/├──────┤/├─────────────────────────────────────────────( )──
  R0028.3  R0030.1  R0030.5                                         R0030.4
  ─┤/├───────┤├──────┤/├───────┐──────────────────────────────────────( )──
  R0102.0  R0000.7            │                                     Y0002.0
  ─┤├───────┤├───────────────┘──────────────────────────────────────( )──
  R0030.1  R0028.3  R0060.3                                         R0030.5
  ─┤├───────┤├──────┤/├───────┐──────────────────────────────────────( )──
  R0102.1  R0000.7            │                                     Y0002.1
  ─┤├───────┤├───────────────┘──────────────────────────────────────( )──
  Y0002.1  R0028.6                                                  R0060.3
  ─┤├───────┤├────────────────────────────────────────────────────( )──

  R0028.3  R0027.3                                                  R0031.0
  ─┤├───────┤├────────────────────────────────────────────────────( )──
  R0028.6  F0007.3
  ─┤├───────┤├──
  R0028.6  R0029.5
  ─┤├───────┤├──
  R0031.0  R0027.0
  ─┤├───────┤├──
```

```
R0010.5                                                           R0099.0
 ─┤├─                                                              ─○─
A0000.2                                                           R0099.1
 ─┤/├─                                                             ─○─
R0010.5                                                           A0000.5
 ─┤├─                                                              ─○─
R0027.2                                                           A0000.0
 ─┤├─                                                              ─○─
R0028.0                                                           A0000.1
 ─┤├─                                                              ─○─

R0000.0    ACT      ┌─────────┬──────────┐
 ─┤├─               │ SUB41   │  0020    │
                    │ DISPB   │          │
                    └─────────┴──────────┘

X0003.0   X0003.1   X0003.2   X0003.3                            Y0003.4
 ─┤/├──────┤├────────┤├────────┤├─                                ─○─
X0003.1   X0003.0   X0003.2   X0003.3                            Y0003.5
 ─┤/├──────┤├────────┤├────────┤├─                                ─○─
X0003.2   X0003.0   X0003.1   X0003.3                            Y0003.6
 ─┤/├──────┤├────────┤├────────┤├─                                ─○─
X0003.3   X0003.0   X0003.1   X0003.2                            Y0003.7
 ─┤/├──────┤├────────┤├────────┤├─                                ─○─

X0011.4   R0100.1                                                R0100.0
 ─┤/├──────┤/├─                                                   ─○─
X0011.4   R0100.0
 ─┤/├──────┤├─
X0011.4   R0100.0                                                R0100.1
 ─┤/├──────┤/├─                                                   ─○─
X0011.4   R0100.1
 ─┤/├──────┤├─
X0005.0                                                          Y0004.2
 ─┤├─                                                             ─○─
X0005.1                                                          Y0004.3
 ─┤├─                                                             ─○─
X0005.3                                                          Y0004.5
 ─┤├─                                                             ─○─
X0005.2                                                          Y0004.4
 ─┤├─                                                             ─○─
X0009.0                                                          Y0004.6
 ─┤├─                                                             ─○─
X0009.1                                                          Y0004.7
 ─┤├─                                                             ─○─
X0011.5                                                          R0620.3
 ─┤├─                                                             ─○─

X0011.2                                                          R0620.4
 ─┤├─                                                             ─○─
X0011.6                                                          R0620.5
 ─┤├─                                                             ─○─
```

```
  R0000.7   G0029.6                                                    G0033.7
───┤├────────┤├──────────────────────────────────────────────────────( )───

  G0033.7    ACT
───┤├──────────────┌──────────┬──────────┐
                   │  SUB8    │  1111    │
                   │  MOVE    │          │
                   │          │  1111    │
                   │          │          │
                   │          │  D0000   │
                   │          │          │
                   │          │  G0032   │
                   └──────────┴──────────┘

  D0001.0                                                              G0033.0
───┤├─────────────────────────────────────────────────────────────────( )───

  D0001.1                                                              G0033.1
───┤├─────────────────────────────────────────────────────────────────( )───

  D0001.2                                                              G0033.2
───┤├─────────────────────────────────────────────────────────────────( )───

  D0001.3                                                              G0033.3
───┤├─────────────────────────────────────────────────────────────────( )───

  F0001.1                                                              R0625.1
───┤/├─────────────────────────────────────────────────────────────────( )───

  R0620.4   R0000.7                                                    R0625.2
───┤├────────┤├─────────────────────────────────────────────────────────( )───

  R0620.3   R0625.4                                                    R0625.3
───┤├────────┤/├─────────────────────────────────────────────────────────( )───

  R0620.3                                                              R0625.4
───┤├─────────────────────────────────────────────────────────────────( )───

  R0620.5   R0625.6                                                    R0625.5
───┤├────────┤/├─────────────────────────────────────────────────────────( )───

  R0620.5                                                              R0625.6
───┤├─────────────────────────────────────────────────────────────────( )───

  R0625.3   R0000.7   R0625.1   R0625.2   F0001.1                      R0626.5
───┤├────────┤├────────┤/├───────┤/├────────┤/├─────────────────────────( )───
  R0626.5   R0626.6
───┤├────────┤├──┤

  R0625.5   R0000.7   R0625.1   R0625.2   F0001.1                      R0626.6
───┤├────────┤├────────┤/├───────┤/├────────┤/├─────────────────────────( )───
  R0626.6   R0626.5
───┤├────────┤├──┤

  R0000.7   R0101.0   Y0002.1                                          R0102.0
───┤├────────┤├───────┤/├─────────────────────────────────────────────( )───

  R0000.7   R0110.6   Y0002.0                                          R0102.1
───┤├────────┤├───────┤/├─────────────────────────────────────────────( )───

  X0003.0   R0000.7                                                    R0100.6
───┤├────────┤├─────────────────────────────────────────────────────────( )───
  X0003.1
───┤├──┤
  X0003.2
───┤├──┤
  X0003.3
───┤├──┤

  R0100.6   R0100.2                                                    R0100.7
───┤├────────┤/├─────────────────────────────────────────────────────────( )───
  R0100.6                                                              R0100.2
───┤├─────────────────────────────────────────────────────────────────( )───
```

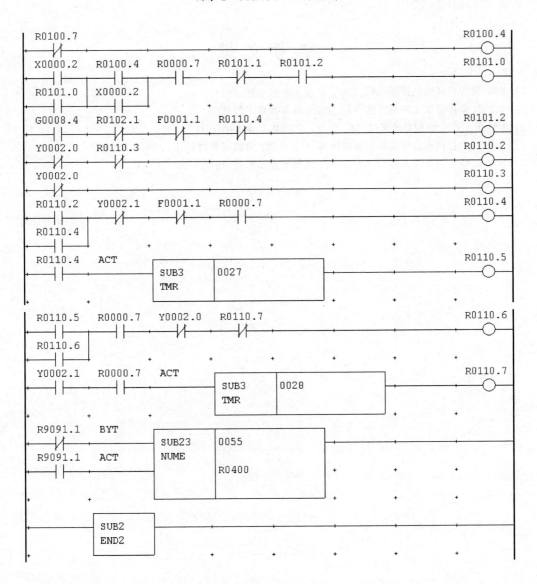

参 考 文 献

［1］王晓.数控机床电气控制［M］.北京：机械工业出版社,2014.

［2］李宏胜.数控系统维护与维修［M］.北京：高等教育出版社,2011.

［3］宋丹.FANUC 数控系统实训［M］.北京：中国电力出版社,2011.

［4］刘永久.数控机床故障诊断与维修技术［M］.北京：机械工业出版社,2006.

［5］李善术.数控机床及其应用［M］.北京：机械工业出版社,2009.